U0203923

"十二五"普通高等教育本科国家级规划教材

北京高等教育精品教材
BEIJING GAODENG JIAOYU JINGPIN JIAOCAI

高等学校计算机基础教育规划教材

大学计算机实验指导
（第4版）

高敬阳 主编

山岚 姜大光 副主编

高敬阳 山岚 姜大光 卢罡 尚颖 马静 李芳 江志英 编著

清华大学出版社

北京

内 容 简 介

本书是普通高等教育"十二五"国家级规划教材《大学计算机(第4版)》配套的实验教材,也可作为独立的计算机基础类课程的实验指导单独使用。

本书内容包括 Windows 7 操作系统实验、Word 字处理软件实验、Excel 电子表格软件实验、PowerPoint 演示文稿软件实验、计算机网络实验、Visio 绘制流程图、Python 编程入门、常用工具软件的使用、MATLAB 应用实验。重点实验配有相应的视频讲解操作,通过扫描二维码即可获得实验的对应视频。书后提供了一套测试题,供学生进行自我测试以巩固所学知识;为零基础读者在附录中增加了"文字录入"部分。

本书可作为高等学校各专业大学计算机基础类课程的实验教材,也可以作为各类计算机培训班和成人同类课程的实验教材。

本书封面贴有清华大学出版社防伪标签,无标签者不得销售。

版权所有,侵权必究。举报:010-62782989,beiqinquan@tup.tsinghua.edu.cn。

图书在版编目(CIP)数据

大学计算机实验指导/高敬阳主编.—4 版.北京:清华大学出版社,2017(2022.8重印)
(高等学校计算机基础教育规划教材)
ISBN 978-7-302-48436-3

Ⅰ.①大… Ⅱ.①高… Ⅲ.①电子计算机-高等学校-教学参考资料 Ⅳ.①TP3

中国版本图书馆 CIP 数据核字(2017)第 220088 号

责任编辑:袁勤勇
封面设计:常雪影
责任校对:白 蕾
责任印制:杨 艳

出版发行:清华大学出版社
　　　网　　　址:http://www.tup.com.cn,http://www.wqbook.com
　　　地　　　址:北京清华大学学研大厦 A 座　　　　邮　　编:100084
　　　社 总 机:010-83470000　　　　　　　　　　　邮　　购:010-62786544
　　　投稿与读者服务:010-62776969,c-service@tup.tsinghua.edu.cn
　　　质量反馈:010-62772015,zhiliang@tup.tsinghua.edu.cn
　　　课件下载:http://www.tup.com.cn,010-83470236
印 刷 者:北京富博印刷有限公司
装 订 者:北京市密云县京文制本装订厂
经　　销:全国新华书店
开　　本:185mm×260mm　　　　**印　　张:**12.75　　　**字　　数:**291 千字
版　　次:2005 年 8 月第 1 版　2017 年 10 月第 4 版　　**印　　次:**2022 年 8 月第 8 次印刷
定　　价:33.00 元

产品编号:075974-01

《高等学校计算机基础教育规划教材》

编 委 会

顾　　问：陈国良　李　廉
主　　任：冯博琴
副 主 任：周学海　管会生　卢先和
委　　员：（按姓氏音序为序）

边小凡　陈立潮　陈　炼　陈晓蓉　鄂大伟

高　飞　高光来　龚沛曾　韩国强　郝兴伟

何钦铭　胡　明　黄维通　黄卫祖　黄志球

贾小珠　贾宗福　李陶深　宁正元　裴喜春

钦明皖　石　冰　石　岗　宋方敏　苏长龄

唐宁九　王　浩　王贺明　王世伟　王移芝

吴良杰　杨志强　姚　琳　俞　勇　曾　一

战德臣　张昌林　张长海　张　莉　张　铭

郑世钰　朱　敏　朱鸣华　邹北骥

秘　　书：袁勤勇

前　言

　　本书是"十二五"普通高等教育本科国家级规划教材《大学计算机(第4版)》配套的实验教材,也可作为独立的计算机基础类实操指导之用。与第1、第2和第3版的主要区别是:

　　(1) 新增了培养计算思维能力的两章实验:Visio绘制流程图、Python编程入门,删除了前一版本中的两个章节,整合了两个章节,在附录中为零基础读者增加了如何进行"文字录入"部分。

　　(2) 重点章实验均可通过扫描二维码获得对应的讲解小视频。资源获取非常便利,为不同层次不同基础的学生自主学习、培养学习兴趣、顺利完成实验,提供了有效的方法。

　　(3) 将全书的实验顺序进行了调整,把Windows 7(简称Win 7)操作系统实验、Word字处理软件实验、Excel电子表格软件实验、PowerPoint演示文稿软件实验四个实验作为新版本的前四章,是学生首先应该掌握的内容,其他实验内容与主教材内容顺序对应。

　　(4) Windows和Office软件版本分别更新为Windows 7和Office 2010。部分原有章节的实验进行了重新编写,减少了文字说明,增加了截图,学生做起来更容易,通过连贯的例子循序渐进掌握各知识点,培育学生实践操作能力和综合应用能力。

　　全书共9章,主要内容包括Windows 7操作系统实验、Word字处理软件实验、Excel电子表格软件实验、PowerPoint演示文稿软件实验、计算机网络实验、Visio绘制流程图、Python编程入门、常用工具软件的使用和MATLAB应用基础。

　　实验内容丰富,可根据学生的实际水平和实际学时数选择实验内容,以满足不同层次学生的学习需要。每个实验目的明确,内容、步骤清楚,学生可在教师指导下或按照小视频的指导完成,或独立完成均可。书中最后配有测验题,可供学生自我测试。

　　清华大学出版社网站(http://www.tup.tsinghua.edu.cn)提供了实验各章所需的实验素材;所有实验素材可免费下载,或联系作者索取。

　　本书由高敬阳、山岚、姜大光组织编写。在原有版本的基础上参加编写和修改的人员有高敬阳、山岚、姜大光、卢罡、尚颖、马静、李芳和江志英等。全书由高敬阳、姜大光统稿。

　　由于作者水平有限,书中难免会有错误和不妥之处,恳请读者批评指正。

　　作者联系信箱:gaojy@mail.buct.edu.cn。

作　者

2017年6月

目　录

第1章

Windows 7 操作系统实验

微软公司的 Windows 是较为流行的桌面计算机操作系统之一。本章以 MS Windows 7 为例,简要介绍 Windows 操作系统的基本操作。

实验 1-1　Windows 文件管理

1. 实验目的

① 掌握 Windows 资源管理器的使用方法。
② 掌握文件及文件夹操作。
③ 掌握在计算机中搜索文件的方法。
④ 掌握外存储器的管理和使用。

2. 操作步骤

启动 Windows 7 操作系统,进行如下操作。
(1) 通过 Windows 资源管理器管理文件
① 打开资源管理器。
右击"计算机"图标→"资源管理器",打开资源管理器窗口,如图 1-1 所示。
注意:本书中"右击"是指用鼠标右键单击。"右击×××图标→'某菜单项'"是指右击图标,然后在弹出的右键快捷菜单中选择"某菜单项"。
② 使用资源管理器。
在图 1-1 所示界面的左侧单击"计算机",单击驱动器 E,右边窗格显示了 E 盘下的文件及文件夹内容,如图 1-2 所示。
③ 新建文件夹。
在资源管理器窗口中单击"文件"→"新建"→"文件夹",如图 1-3 所示,在 E 盘中创建一个新文件夹(另法:在右边窗格空白处右击,选择"新建"→"文件夹",也可实现相同操作)。

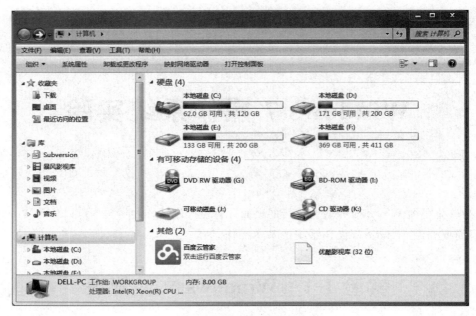

图 1-1 资源管理器窗口

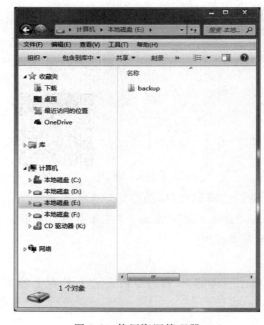

图 1-2 使用资源管理器

图 1-3 新建文件夹

④ 更改文件夹名称。

右击刚刚建好的"新建文件夹"→"重命名",输入学号作为文件夹名称(如 2017014000,注:后续实验将用到此文件夹),结果如图 1-4 所示。

图 1-4　更改文件夹名称

⑤ 复制文件。

在左边目录树中单击"库"→"图片",双击右边窗格中的"示例图片"打开该文件夹。将"菊花.jpg"用鼠标左键拖曳至 E 盘,此时 E 盘盘符反白显示,如图 1-5 所示。松开鼠标,单击展开 E 盘目录,可以看到该文件被复制到 E 盘,如图 1-6 所示。

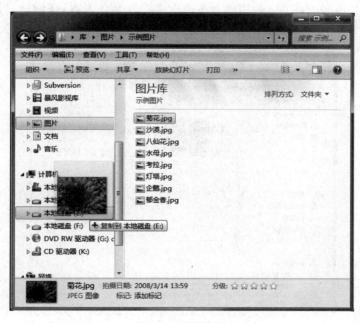

图 1-5　复制文件

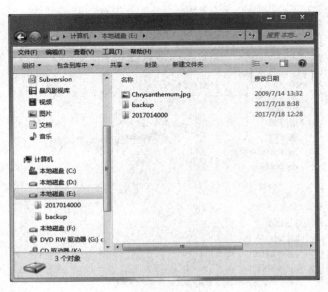

图 1-6　复制结果

注意：复制操作也可通过"编辑"菜单下的"复制"（快捷键为 Ctrl＋C）和"粘贴"（快捷键为 Ctrl＋V）操作组合实现。选中文件或文件夹,将其"复制",然后可"粘贴"到任意地方。请读者自行实践。

⑥ 移动文件。

用鼠标将 E 盘下的 Chrysanthemum.jpg 文件拖曳到"2017014000"文件夹中,完成文件移动,如图 1-7 所示。注意：利用此方法拖曳文件或文件夹时,在同一盘符下完成的是移动操作,而在不同盘符下完成的是复制操作。

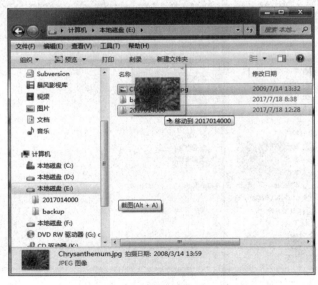

图 1-7　文件移动

注意：移动操作也可通过"编辑"菜单下的"剪切"(快捷键为 Ctrl＋X)和"粘贴"(快捷键为 Ctrl＋V)操作组合实现。选中文件或文件夹，将其"剪切"，然后"粘贴"到任意地方。请读者自行实践。

⑦ 查看文件。

在 E 盘根目录状态下，单击菜单栏中的"查看"→"详细信息"。在"详细信息"显示方式下，单击栏标题可以按相应内容排序。图 1-8 中的文件是以名称降序方式排列的，还可以"平铺"、"图标"、"列表"等方式查看。

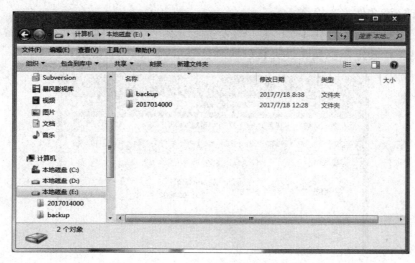

图 1-8　文件排列

⑧ 删除文件夹。

右击"2017014000"→"删除"，在弹出的对话框上选择"是"按钮，如图 1-9 所示，将该文件夹删除到回收站中(选中该文件夹并按键盘上的 Delete 键，也可实现同样操作)。

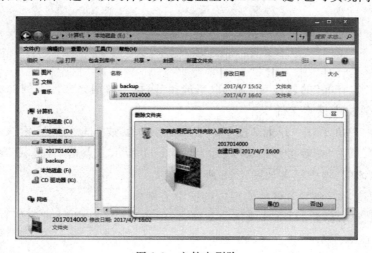

图 1-9　文件夹删除

⑨ 还原文件夹。

在资源管理器左边窗格内找到"回收站"打开,主窗格中右击"2017014000"文件夹→"还原",将该文件夹还原到原来所在的 E 盘。注意:此操作中选择"删除"可将文件或文件夹彻底删除,无法还原。

⑩ 更改文件夹的隐藏属性。

回到 E 盘根目录,右击"2017014000"文件夹,选择"属性"→"常规"→"隐藏"→"应用",在"确认属性更改"对话框内选择"将更改应用于此文件夹、子文件夹和文件"→"确定"完成更改,该文件夹被隐藏。

单击资源管理器菜单栏中"工具"→"文件夹选项"→"查看"选项卡,单击"显示所有文件和文件夹"→"确定",隐藏文件夹将以淡颜色显示,如图 1-10 所示。

图 1-10　显示隐藏文件夹

打开"2017014000"的属性对话框,取消选择"隐藏",取消该文件夹的隐藏属性。

(2) 在计算机中搜索文件

在桌面左下角单击"开始"按钮,可以看到"搜索"框。在搜索文本框内输入"2017014000",单击"查看更多结果"按钮,如图 1-11 所示。点击"计算机" 图标,在计算机硬盘中搜索,搜索结果如图 1-12 所示。

使用通配符"*"和"?",可以实现模糊搜索。例如:

在图 1-11 所示界面的"全部或部分文件名"中填写"*.txt",将搜索所有扩展名为 txt 的文件,如图 1-13 所示。

在图 1-11 所示界面的"全部或部分文件名"中填写"???.xml",将搜索所有文件名为

图 1-11　搜索文件窗口　　　　　　　　　　　　　图 1-12　搜索结果

图 1-13　模糊搜索结果

3 个字符、扩展名为 xml 的文件，如图 1-14 所示。

（3）管理和使用外存储器

① 查看磁盘信息。

在桌面上双击"计算机"图标，依次单击各个磁盘存储器，在底部状态栏目中显示该存储器的名称、文件系统格式、可用空间和总大小等信息，如图 1-15 所示。

② 格式化磁盘。

选中需要格式化的磁盘，在资源管理器窗口"文件"菜单下选择"格式化"命令，打开格

图 1-14　模糊搜索结果

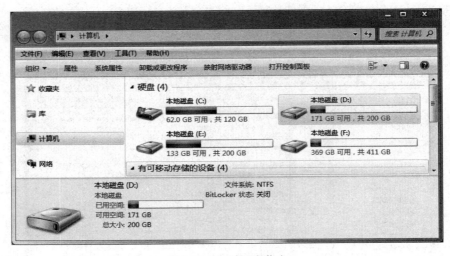

图 1-15　查看磁盘信息

式化对话框,如图 1-16 所示,单击开始即可开始格式化磁盘。

　　注意:把磁盘格式化会删除所有存储在该盘上的数据,请慎用此操作。

　　③ 使用 U 盘。

　　将 U 盘插入 USB 接口,在任务栏通知区域可以看到█图标,在资源管理器窗口内可以看到"可移动磁盘"图标,双击可查看其中内容。

- 发送文件。选中"2017014000"文件夹,右击→"发送到"→"可移动磁盘",可以直接将要复制的文件复制到 U 盘中,如图 1.17 所示。
- 安全退出。U 盘最好不要随意拔除,否则容易损坏其中的数据。正确的方法是单击█图标,再单击弹出的提示信息图标安全拔除硬件。

图 1-16　格式化磁盘

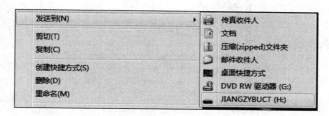

图 1-17　发送文件

实验 1-2　Windows 附件及应用程序

1. 实验目的

① 了解 Windows 帮助系统。
② 掌握 Windows 附件的使用。
③ 掌握快捷方式的建立方法。

2. 操作步骤

（1）Windows 帮助系统基本操作

在 Windows 系统启动后，用户可以在任何窗口中获取需要的帮助
信息。单击"帮助"菜单或按 F1 键都可以随时启动帮助系统。

· 按 F1 键进入帮助和支持中心。

· 在搜索文本框中键入"打印文档"后按 Enter 键键。搜索结果如图 1-18 所示。

（2）Windows"记事本"基本操作

Windows"记事本"程序是一个很简单的文本编辑器。

① 单击"开始"→"所有程序"→"附件"→"记事本"，打开"记事本"程序。

② 在记事本中录入任意的数字、英文或汉字，如图 1-19 所示。

③ 单击"格式"→"自动换行"命令，将记事本中文字以自动换行方式编排方便
观看。

④ 单击"文件"→"另存为"命令，找到在实验 1-1 中建立的 2017014000 文件夹，在"文
件名"文本框内输入"打印文档"单击"保存"按钮。

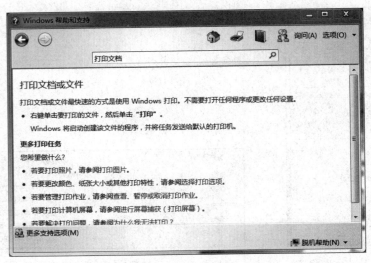

图 1-18　帮助搜索结果

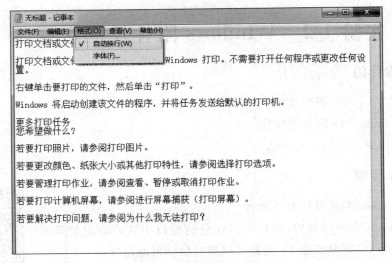

图 1-19　"记事本"窗口

（3）Windows"画图"软件基本操作

① 单击"开始"→"所有程序"→"附件"→"画图"，启动"画图"软件，如图 1-20 所示。白色为画图区，鼠标移至画图区右下角箭头变为双向，表示可以调整区域大小，按住鼠标左键拖动更改画图区大小，待合适后松开鼠标。

② 单击"文件"→"打开"→"E 盘"→"201701400"，双击 chrysanthemum.jpg 打开图片。

③ 单击调色板上的红色将前景色改为红色，单击"颜色 2"，单击调色板中的黄色更改背景色。观察前景色/背景色变化情况。

④ 单击选中"文字"工具，在画图区域拖动鼠标左键画出书写区域，单击任务栏通知

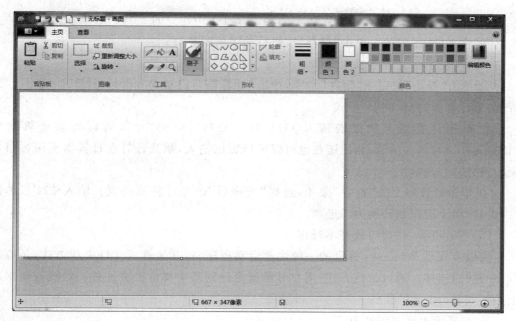

图 1-20　"画图"窗口

区域上的语言栏命令 ，选择一种中文输入法，如"微软拼音"。输入"大学计算机"，观察显示效果。

⑤ 在"字体"工具栏上单击"字体选择"下拉菜单，选中"微软雅黑"，再单击"字体大小"下拉菜单，选中"58"，单击"B"按钮将文字加粗，如图 1-21 所示。

图 1-21　画图结果

⑥ 单击"文件"→"另存为"命令,选择在实验1-1中建立的2017014000文件夹,在"文件名"处输入"画图实验",单击"保存"按钮后关闭画图工具。

(4) Windows计算器基本操作

① 单击"开始"按钮→"附件"命令,单击"计算器",启动Windows计算器,如图1-22所示,为计算器的"标准型"模式。

② 单击计算器上的按键输入1111111 * 1111111,按"＝",可以查看计算结果(1234567654321)。注意,利用键盘也可以进行数据输入,乘法计算在计算器上用按钮 * 表示,除法用/表示。

③ 单击计算器上的"查看"菜单,选择"程序员"改变计算器外观。输入123后单击"二进制"将十进制数转换为二进制。

(5) Windows快捷方式基本操作

快捷方式是Windows提供的一种快速启动程序、打开文件或文件夹的方法,是应用程序的快速连接。通过快捷方式,用户可迅速定位到某个文件夹或文件。快捷方式本质上是扩展名为lnk的文件。

① 在桌面上建立快捷方式。

在E盘下找到步骤(2)中建立的文本文件"打印文档",右击→"发送到"→"桌面快捷方式",如图1-23所示。

图1-22　Windows计算器

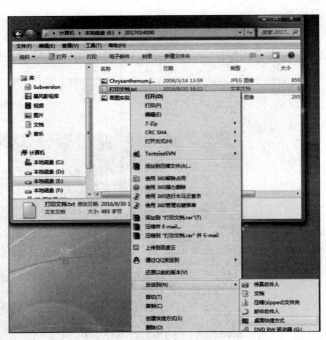

图1-23　建立桌面快捷方式

单击任务栏快速启动区域内最右端的"显示桌面"按钮,将当前所有窗口最小化,可以看到桌面上新建的快捷方式,如图1-24所示。

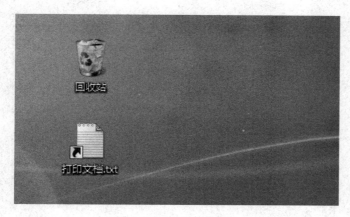

图 1-24　桌面快捷方式

注意：快捷方式图标的左下角有小箭头作为标志。

② 在文件夹下建立快捷方式。

打开 2017014000 文件夹，在空白处右击→"新建"→"快捷方式"→"浏览"，在文件夹中找到"我的电脑"→"C 盘"→"WINDOWS"→"system32"→"Notepad. exe"→"确定"，找到"记事本"程序所在的路径，如图 1-25 所示。继续单击"下一步"，保持名称不变，单击"完成"，可以看到目录下新增了 Notepad. exe 快捷方式，如图 1-26 所示。

图 1-25　"记事本"路径

③ 使用快捷方式。

双击 notepad. exe 快捷方式，即可运行"记事本"程序。在桌面上双击新建的"打印文档"，可以直接打开该文档。

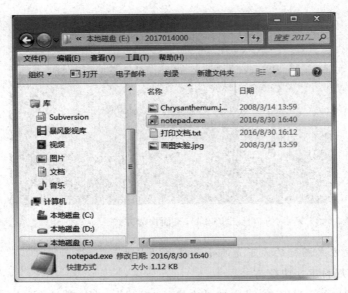

图 1-26　在文件夹下建立快捷方式

实验 1-3　Windows 控制面板及系统设置

1. 实验目的

① 掌握控制面板的使用。
② 掌握如何设置个性化 Windows 7 桌面。
③ 掌握任务栏设置方法。
④ 掌握任务管理器的使用。

2. 操作步骤

（1）控制面板的基本操作

① 打开控制面板。

单击“开始”→“控制面板”进入控制面板窗口，如图 1-27 所示。

② 查看系统硬件信息

在控制面板中，单击“系统和安全”，再单击“系统”，查看系统相关属性，如图 1-28 所示。单击选项卡中的“设备管理器”按钮可以查看当前计算机的所有硬件设备是否被正常安装，如图 1-29 所示。注意：若有硬件设备未能正常安装或使用，则在列表中会出现“?”或“×”。单击“关闭”按钮回到控制面板窗口。

③ 删除安装程序。

在控制面板中，单击“卸载程序”图标，可以查看当前计算机中安装的所有应用程序，如图 1-30 所示。双击列表中的某个应用程序，单击“卸载”可依照提示卸载程序。

图 1-27　"控制面板"窗口

图 1-28　"系统属性"对话框

图 1-29 "设备管理器"窗口

图 1-30 "卸载或更改程序"对话框

④ 更改日期时间。

在控制面板中，单击"时钟、语言和区域"图标，单击"设置日期和时间"，打开"日期和时间设置"对话框，如图 1-31 所示。在"日期"下拉菜单中选择"二月"、"2017 年"，在时间选择菜单中更改时间为"19：15：30"，按"确定"或"应用"完成时间更改，回到控制面板界面。

⑤ 修改区域设置。

在控制面板中，单击"时钟、语言和区域"，单击"区域和语言"，打开设置对话框，如图 1-32 所示。在"长时间"下拉菜单中选择"tthh：mm：ss"，在"长日期示例"下拉菜单中选择"dddd,yyyy 年 MM 月 dd 日"，单击"确定"。将鼠标移至桌面右下角可以看到如图 1-33 所示的效果。

图 1-31　"日期和时间设置"对话框

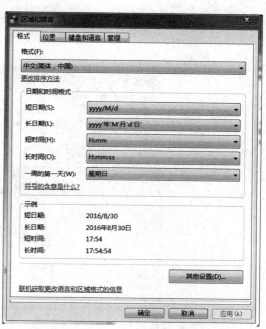

图 1-32　"区域与语言"对话框

图 1-33　更改区域设置

（2）设置个性化 Windows 7 桌面

① 设置桌面显示项目。

在桌面空白处右击→"个性化"，如图 1-34 所示。打开的"个性化设置"对话框如图 1-35 所示。

单击右侧"更改桌面图标"选项卡，进入"桌面图标设置"对话框。将"计算机"等 5 个

图 1-34　右击桌面

图 1-35　"桌面属性"对话框

复选框全部选中,单击"确定",如图 1-36 所示。回到桌面查看显示效果。

再次打开"更改桌面图标"对话框,单击"用户的文件"取消选中,按"确定"回到桌面观察更改结果。

② 排列桌面显示项目。

在桌面上单击"我的电脑"图标,按住鼠标左键不放可以在桌面上任意拖动该图标。在桌面空白处右击→"排序方式"→"名称"可以将所有桌面图标按名称整齐排列,如图 1-37 所示。

③ 更改桌面图标显示。

Windows 7 系统提供对桌面图标包括显示大小、排列方式等在内的多种显示设置。在桌面上右击→"查看"→"大图标",则桌面中的图标都被放大显示,如图 1-38 所示。

图 1-36 "桌面图标设置"对话框

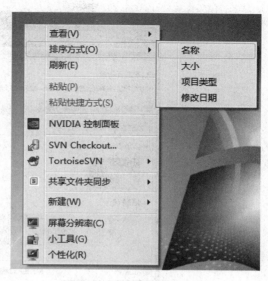

图 1-37 自动排列桌面图标

图 1-38 桌面大图标显示

④ 更改桌面背景。

在桌面空白处右击→"个性化"→"桌面背景"选项卡,单击任意一张图可以预览效果,在"图片位置"下拉菜单中选择"填充"效果,如图 1-39 所示。单击"保存修改"可以确认更改。另外,Windows 7 系统提供更加便捷的自定义桌面背景功能,可以在"图片位置(L)"下拉框中快速选择图片路径,也可以通过浏览选择自定义桌面背景图片在计算机中的位置,实现选择自定义图片为桌面背景功能。

⑤ 设置屏幕保护。

在桌面空白处右击→"个性化"→"屏幕保护程序",选择"气泡","等待 1 分钟",将"在恢复时显示登录屏幕"选中,单击"确定"按钮,如图 1-40 所示。保持计算机不动等待 1 分钟,可看到屏幕保护效果。恢复使用时需要输入密码。

图 1-39　更改背景

图 1-40　设置屏幕保护程序

另外，Windows 7 系统还提供了图片幻灯片放映模式的屏幕保护程序。在桌面空白处右击→"个性化"→"屏幕保护程序"，选择"图片"，单击右侧"设置"按钮。在照片屏幕保护程序设置对话框中，单击"浏览"按钮，选择图片所在文件中的路径。在幻灯片放映速度下拉框中，可选择幻灯片放映速度。勾选无序播放图片，单击"保存"按钮，观看幻灯片放映屏幕保护程序效果。

⑥ 更改屏幕分辨率。

在桌面空白处右击→"屏幕分辨率"，打开屏幕分辨率设置对话框，单击"分辨率"下拉框，拖动相应的滑块，将分辨率调整为 800×600，如图 1-41 所示，单击"确定"后查看效果。若对显示效果满意，则单击"保存更改"按钮，否则单击"还原"按钮取消操作，如图 1-42 所示。

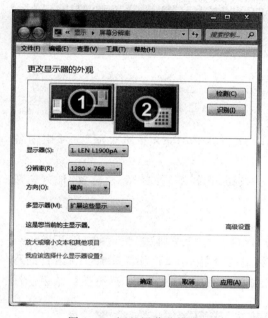

图 1-41　调整屏幕分辨率

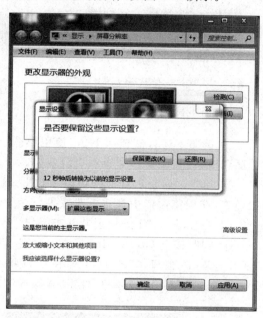

图 1-42　确认分辨率设置

（3）任务栏的设置

默认情况下任务栏被放置在桌面下方，包含了"开始"按钮、快捷图标区域、任务按钮区和通知区域四个主要部分，如图 1-43 所示。

开始按钮　　　　快捷图标区域　　　　　　　　　　　任务按钮　　　　　通知区域

图 1-43　Windows 任务栏

① 在"开始"按钮上右击，单击"属性"，如图 1-44 所示。打开"任务栏和【开始】菜单属性"对话框，单击"任务栏"选项卡标签，进入任务栏设置界面，如图 1-45 所示。

② 单击"锁定任务栏"复选框取消选择，在预览窗口中观察任务栏显示效果。

③ 单击"自动隐藏任务栏"前面的复选框，选中该项。在预览窗口中观察任务栏的显示效果。

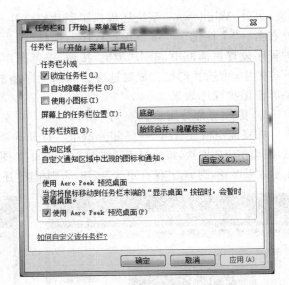

图 1-44　设置任务栏属性　　　　　　　　图 1-45　"任务栏属性"对话框

④ 按照上述方法依次单击"使用小图标"和"使用 Aero Peek 预览桌面"选项组内各个复选框,在预览窗口中查看更改效果。

⑤ 单击屏幕上的任务栏位置下拉框、任务栏按钮,选择不同的任务栏位置、任务栏按钮样式,在预览窗口中查看更改效果。

（4）Windows 任务管理器基本操作

① 同时按下 Ctrl＋Alt＋Del 组合键,单击"启动任务管理器"按钮,可打开 Windows "任务管理器"窗口,如图 1-46 所示。"应用程序"选项卡内显示了当前系统正在运行的程序和状态。当某个程序一直处于"未响应"状态时可以通过"结束任务"按钮强行结束。注

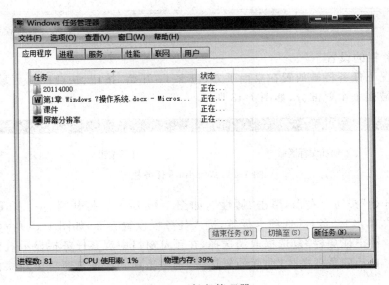

图 1-46　任务管理器

意,利用这种方式结束程序时用户未保存的数据将全部丢失。

②　单击"进程"选项卡按钮,可以看到当前系统正在运行的进程。若要强行结束某个进程,可选中该进程→"结束进程",在弹出的对话框内选择"是"。注意：利用这种方式结束进程,同样会丢失用户未保存的数据。

实验 1-4　注　册　表

注册表是一个复杂的多层次式信息数据文件,Windows 将硬件信息、应用程序信息以及所有用户配置信息存放在注册表中,例如计算机上安装的应用程序、文件夹和应用程序图标属性等。操作系统在运行过程中会不断引用注册表内的信息,用户可以通过使用注册表编辑器对其进行检查与修改。本实验对其做简单的介绍。

1. 实验目的

① 掌握如何打开注册表。
② 了解如何进行注册表查找。
③ 了解如何修改注册表。
④ 了解如何保持和恢复注册表内容。

2. 操作步骤

（1）打开注册表

① 单击"开始"菜单,在"搜索程序和文件夹"输入框中,输入 regedit,按 Enter 键打开注册表编辑器,如图 1-47 所示。

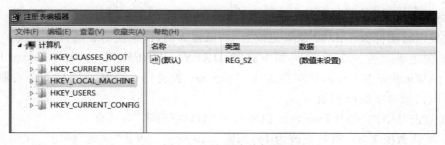

图 1-47　注册表编辑器

② 左边窗格中显示的是注册表项,右边窗格显示当前注册表项的值,包括名称、类型和数据。在"我的电脑"下包含以下 5 个根目录：

- HKEY_CLASSES_ROOT 用于保证使用 Windows 资源管理器打开文件时,能够打开正确的程序。
- HKEY_CURRENT_USER 包含了当前登录用户的配置文件。
- HKEY_LOCAL_MACHINE 包含了计算机针对任何用户都相同的配置信息。

- HKEY_USERS 包含了计算机上所有用户的配置文件。

- HKEY_CURRENT_CONFIG 包含了硬件配置文件信息。

（2）在注册表中查找内容

注册表的目录树十分庞大，若要从中找到某个具体注册表项需要使用 Windows 提供的自动查找功能。

① 单击 HKEY_CURRENT_CONFIG 将该目录展开。

② 在注册表窗口上单击"编辑"→"查找"命令，在弹出的"查找"对话框内输入 control，在"查看"分组栏中选中"项"类型，将另外两种类型取消，选中"全字匹配"，按 Enter 键或单击"查找下一个"按钮开始查找，如图 1-48 所示。左边窗格将显示查找结果。

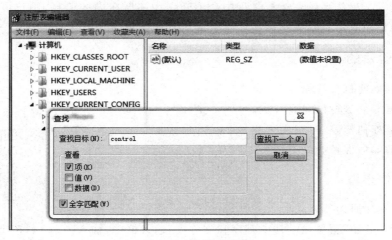

图 1-48　注册表查找

（3）修改注册表中的内容

这里以将图标大小由 32 像素更改为 16 像素为例，讲解注册表的修改方法。

① 在注册表左边窗格找到如下路径 HKEY_CURRENT_USER\Control Panel\Desktop\WindowsMetrics，该项包含了 Windows 系统的桌面显示信息。在右侧窗格中显示了该目录项下的所有值项。

② 双击其中的 shell Icon Size 值项打开"编辑字符串"对话框。

③ 默认数据为 32，将其更改为 16，如图 1-49 所示。单击"确定"按钮。注销并重新登录系统后，可以看到修改的效果。

（4）注册表内容的导出和导入

注册表编辑器提供导出和导入功能用于保存和恢复注册表数据。

① 单击"文件"菜单→"导出"命令，在"导出注册表表文件"对话框内选择 C：\，在"文件名"文本框内输入名称（如注册表），选中"全部"作为导出范围后单击"保存"按钮，以文本文件方式将当前注册表信息全部保存。

② 回到注册表编辑器窗口，单击"文件"→"导入"命令，选择上一步骤保存的注册表文本文件，单击"打开"可以对当前注册表信息进行替换达到还原注册表的目的。

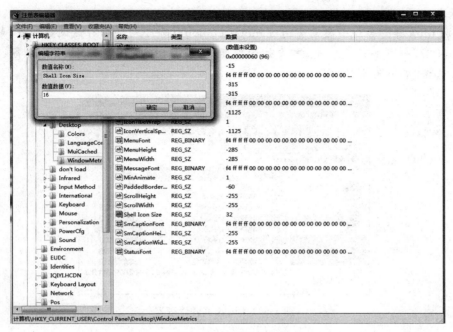

图 1-49　修改注册表

③ 单击标题栏上的"关闭"按钮,离开注册表编辑器完成注册表修改。

注意:

① 在使用过程中若对操作系统造成损坏无法正常启动,可以使用 Windows 系统提供的"最后一次正确配置"来解决某些问题。具体方法为:启动系统过程中看到"选择启动操作系统"消息时,按 F8 键,使用键盘上的方向键选择"最后一次正确配置",按 Enter 键启动。这种方法可修复注册表中 HKEY _ LOCAL _ MACHINE \ SYSTEM \ CurrentControlSet 中的信息,其他更改不能通过此方法修复。

② 由于注册表中信息十分重要,直接影响 Windows 的运行,所以如果没有十足把握建议不要轻易修改注册表,否则可能会严重破坏操作系统,甚至导致系统无法运行。

思考题

1. 在"记事本"应用程序的"另存为…"对话框中,通过将"保存类型"修改为"所有文件",可以把编辑的文本内容保存为任何类型的文件。

2. 可根据需要对桌面和任务栏进行个性化设置,使操作系统使用更舒适方便。

扩展思考题

1. 红旗 Linux 操作系统下,如何使用移动存储设备(如 U 盘等)?

2. 红旗 Linux 和 Windows 7 双操作系统环境,进入红旗 Linux 后如何访问 Windows 7 下磁盘分区?

提示：

① Linux 操作系统一般需要通过 mount、umount 命令对移动存储设备加载、卸载；红旗 Linux 下，如图 1-50 也可通过"文件管理器"直接访问；安全卸载时，选择设备，在右键菜单中选择"安全删除"即可。

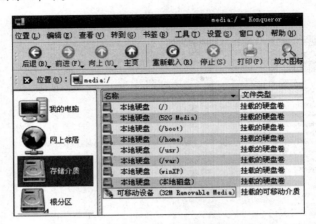

图 1-50　Linux 文件管理器

② Linux 提供了对几乎所有文件系统的支持，可以识别 FAT、NTFS 等多种磁盘格式，因此可以直接读写 Windows 系统的分区，一般目录为：/dev/sda；红旗 Linux 下，如图 1-50 所示也可通过"文件管理器"直接访问。

第 **2** 章

Word 字处理软件实验

Word 字处理软件是进行文字处理、表格制作、图文混排的综合办公自动化软件,它同时可以对图片、图表进行处理,是信函、学术论文、简历、新闻简报、报告等重要的编辑排版工具。

实验 2-1 Word 字处理软件的基本编辑操作

1. 实验目的

① 掌握文档的建立与存储方法。
② 掌握文字的基本编辑方法。
③ 掌握字符的格式化方法。
④ 掌握段落的格式化方法。
⑤ 掌握查找与替换文字的方法。
⑥ 掌握项目符号、分栏、首字下沉等操作。

2. 实验内容

在文本编辑区输入文字并进行排版,样张如下:

※ 电子计算机的发展 ※

1946 年 2 月 15 日世界上第一台电子计算机 ***ENIAC***(***Electronic Numerical Integrator and Computer***)诞生于美国*宾夕法尼亚*大学,它主要用于第二次世界大战后期的弹道计算。***ENIAC*** 的研制成功,是计算机发展史上的一个里程碑,人类计算技术达到了另一个新的起点。***ENIAC*** 与现在我们日常看到的计算机不大相同,它共用了 ***18000*** 个电子管,另加 ***1500*** 个继电器以及其他器件,其总体积约 ***90***㎥,重达 ***30***T,占地 ***170***㎡,需要用一间 ***30*** 多米长的大房间才能存放,是个地地道道的庞然大物。这台耗电量为 140kW 的计算机,运算速度为每秒 ***5000*** 次加法,或者 ***400*** 次乘法,比机械式的继电器计算机快 ***1000*** 倍。当 ***ENIAC*** 公开展出时,一条炮弹的轨道的计算只用 ***20*** 秒,比炮弹本身的飞行速度还快。

从第一台电子计算机诞生到 21 世纪的今天,不过短短 60 年左右的时间,计算机已经得到了空前的发展,可以说没有任何一种科学技术的发展速度可与其相提并论。计算机发展到现在,按照组成计算机元件的不同可以划分为以下几个时代:

- 第一代电子管计算机
- 第二代晶体管计算机
- 第三代集成电路计算机
- 第四代大规模超大规模集成电路计算机

随着科学技术的不断进步,各种新的元件不断被开发出来,人们正试图用光纤元件、超导元件、生物元件等代替传统的电子元件,制造出在某种程度上具有模仿人脑的学习、思维和推理能力的新一代计算机系统。计算机正朝着巨型化、微型化、网络化和智能化等方向发展。

3．排版要求

(1) 设置标题格式

将标题居中,设置字体为"隶书"、字号"小三"、"加粗",并在两侧增加特殊符号※。

(2) 设置其他文字格式

其他所有文字字号设置为"小四"。将所有的英文字母、数字设置为"加粗"、"倾斜"。"宾夕法尼亚"字体设置为"华文行楷"并加下画线。"其总体积约 90m3,重达 30T,占地 170m2"添加"字符底纹",并将"m3、m2"排版成"m^3、m^2";"比炮弹本身的飞行速度还快"添加"着重号"。

(3) 进行文字的查找与替换

将文中的"元件"替换为"元器件"。

(4) 进行段落格式化

将文中第二段的"首行"右移四个汉字长度,其他行右移两个汉字长度。将该段落设置为"1.3"倍行间距,段前和段后设置为"1 行"段间距。设置该段落"边框"为"单波浪线"、"底纹"为"灰色 15％"。

(5) 设置项目符号

为"第一代电子计算机……第四代大规模超大规模电子计算机"设置项目符号"□"。

(6) 为段落分栏

在最后一段文字前后分别插入"分节符",再把最后一段分成为三栏,中间加"分隔线"。

(7) 设置首字下沉

设置最后一段第一个字"随"为"首字下沉","下沉行数"为"3",距正文距离为"0"厘米。

（8）对整篇文档进行排版

对文档进行页面设置，设置"上、下页边距"为"2.5 厘米"、"左、右页边距"为"3 厘米"、"方向"为"纵向"、"纸张"大小为"A4"。向页面中插入页码，并设置"位置"为"页面底端"、"对齐方式"为"居中"、"数字格式"为普通阿拉伯数字。设置页眉和页脚，在"页眉"输入"信息 1701-2017014000-王君"，并设置字体为"仿宋体"、字号为"六号"、对齐方式为"居中"。向"页脚"中输入"当前日期"并居右对齐。

（9）保存文档

将文档另存为"E"盘 2017014000 文件夹中，文件名以学生学号和姓名命名，如"2017014000 王君 word 作业 1"。

4. 操作步骤

（1）设置标题格式

首先选中标题，选择"开始"选项卡，在"字体"组中设置字体为"隶书"、字号为"小三"，单击"加粗"按钮 **B**。在"段落"组中，单击"居中"按钮，如图 2-1 所示。

图 2-1　功能区选取

光标定位在要插入特殊符号的地方，选择"插入"选项卡，在"符号"组中，单击"符号"按钮。在弹出的选择框中选择"其他符号"，如图 2-2 所示。

图 2-2　特殊符号选取

弹出"符号"对话框，单击"符号"选项卡，字体选择"普通文本"，子集选择"广义标点"，在列表中找到符号※，单击选中，然后单击"插入"按钮，如图 2-3 所示。

（2）设置其他文字格式

选中除标题外的所有文字，选择"开始"选项卡，在"字体"组中，设置字号为"小四"。选中某一处英文字母或数字，单击"加粗"按钮 **B** 和"倾斜"按钮 *I*，如图 2-4 所示。

单击已经设置格式的英文字母或数字，选择"开始"选项卡，双击"剪贴板"组中的"格式刷"，用格式刷"刷"所有英文字母和数字进行格式复制。在文档任意位置双击，即可释放格式刷。

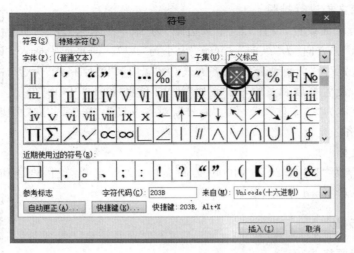

图 2-3　插入特殊符号

图 2-4　功能区选取

选中"宾夕法尼亚",选择字体为"华文行楷",并单击"字体"组中的"下画线"按钮 **U**。选中"其总体积约 90 m3,重达 30 T,占地 170 m2",单击"字体"组中的"字符底纹"按钮 **A**,如图 2-4 所示。

把"m3、m2"排版成"m³、m²",选中 m 后面的 2 或者 3,选择"开始"选项卡,在"字体"组中,单击"上标"按钮 **x²** 即可,如图 2-4 所示。

选中"比炮弹本身的飞行速度还快",选择"开始"选项卡,单击"字体"组中最右下角显示"字体"对话框的小按钮,如图 2-5 所示。打开"字体"设置对话框,如图 2-6 所示,选中"着重号",然后单击"确定"按钮。

图 2-5　进入"字体"对话框

（3）进行文字的查找与替换

选择"开始"选项卡,在"编辑"组中,单击"替换"按钮,弹出"查找和替换"对话框,默认停留在"替换"选项卡中。在"查找内容"下拉列表框中填写"元件",在"替换为"下拉列表框中填写"元器件",最后单击"全部替换"按钮,如图 2-7 所示。

图 2-6　添加着重号

图 2-7　查找与替换

（4）进行段落格式化

首先将光标定位到第二段段落中任意位置，然后向右拖动标尺栏中的"首行缩进"到 4 个汉字位置，最后向右拖动标尺栏中的"悬挂缩进"（标尺左侧小三角位置）到两个汉字位置即可，如图 2-8 所示。

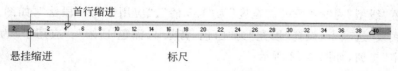

图 2-8　段落的缩进

选择"开始"选项卡，单击"段落"组中最右下角显示"段落"对话框的小按钮，如图 2-9 所示。打开"段落"设置对话框，如图 2-10 所示。

图 2-9　进入"段落"对话

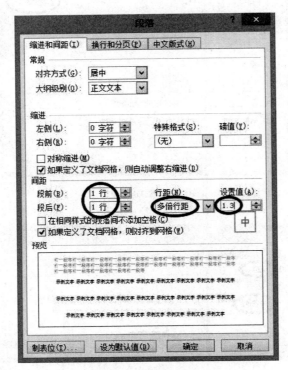

图 2-10　行距和段落间距设置

在"段落"对话框中设置段前和段后距为"1 行",行距为"多倍行距",设置值为"1.3",然后单击"确定"按钮。

选择"开始"选项卡,单击"段落"组中的"下框线"按钮,在弹出的快捷菜单中选择"边框和底纹"命令。出现"边框和底纹"对话框,在"边框和底纹"对话框中,首先选择"边框"选项卡,设置"线型"为"～～～～"、"宽度"为"1.5 磅"、"应用于"为"段落",如图 2-11 所示。然后选择"底纹"选项卡,设置"填充"为"白色,背景 1,深色 15%"、"应用于"为"段落",最后单击"确定"按钮,如图 2-12 所示。

（5）设置项目符号

选定相应文本,选择"开始"选项卡,在"段落"组中单击"项目符号"按钮右侧的下拉三角按钮。弹出快捷菜单,单击"定义新项目符号"命令,出现"定义新项目符号"对话框,在"项目符号字符"项目中,单击"符号"按钮。在"符号"对话框中,选择"字体"下拉列表框中

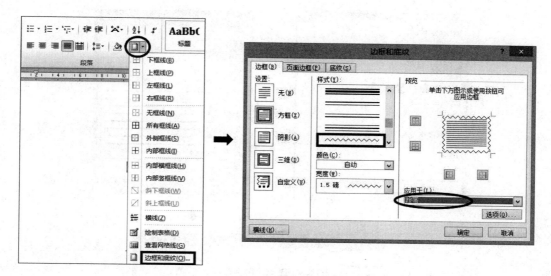

图 2-11　设置段落边框

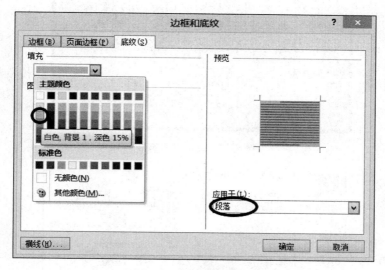

图 2-12　设置段落底纹

的 Wingdings，单击⊟按钮，最后单击"确定"按钮，如图 2-13 所示。

（6）为段落分栏

　　将鼠标光标定位在最后一段第一个文字前，选择"页面布局"选项卡，单击"页面设置"组中的"分隔符"按钮。在弹出的快捷菜单中，选择"分节符类型"为"连续"，即可在最后一段段前插入分节符。同样操作可在段尾插入分节符，如图 2-14 所示。

　　选择"页面布局"选项卡，单击"页面设置"组中的"分栏"按钮。在弹出的快捷菜单中，选择"更多分栏"命令，弹出"分栏"设置对话框，在"预设"区域中，选择"三栏"，选中"分割线"，并选择应用于本节，最后单击"确定"按钮，如图 2-15 所示。

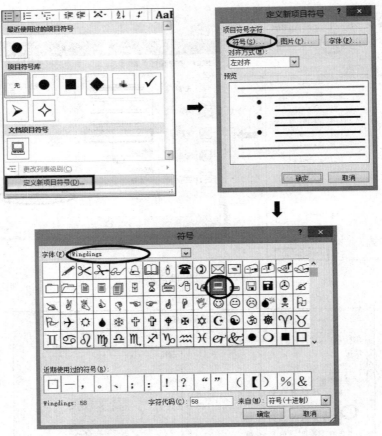

图 2-13　设置项目符号

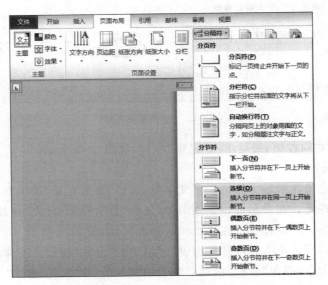

图 2-14　插入分隔符

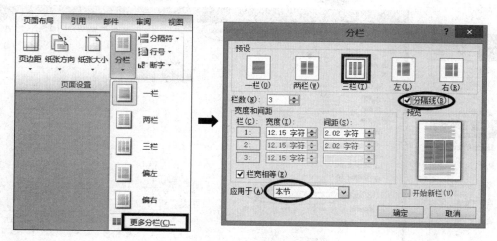

图 2-15　设置段落分栏

（7）设置首字下沉

　　单击最后一段文字任意位置，选择"插入"选项卡，在"文本"组中单击"首字下沉"命令，在弹出的快捷菜单中选择"首字下沉选项"命令，出现"首字下沉"对话框。在"首字下沉"对话框中，选择"下沉"，设置"下沉行数"为3、"距正文"为0，最后单击"确定"按钮，如图 2-16 所示。

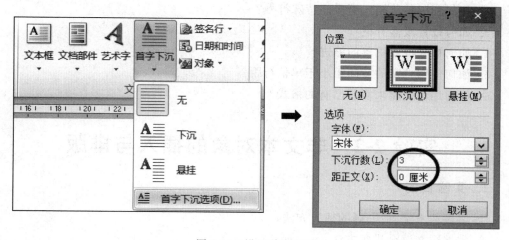

图 2-16　设置首字下沉

（8）保存文档

　　选择"文件"按钮，在弹出的菜单中选择"另存为"命令。弹出"另存为"对话框，在"另存为"对话框中，将"保存位置"设置为"E:\2017014000"，"文件名"填写为"2017014000 王君 WORD 作业 1"，然后单击"保存"按钮，如图 2-17 所示。

　　注意：在文字录入和排版过程中要养成随时保存文件的习惯。

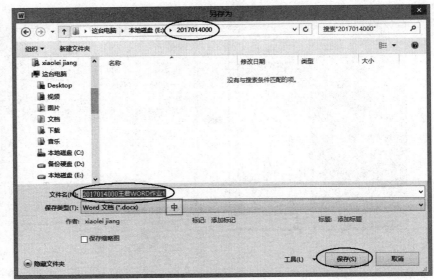

图 2-17 文件的保存

思考题

1. 如何移动、删除、复制文字？
2. 如何利用菜单插入更多的特殊符号？
3. 如何设置段落分栏？
4. 如何精确设置段落的缩进？
5. 如何使四号字的行间距小于单倍行距？
6. 如何用格式刷来复制已有的格式？

实验 2-2　非文本对象的插入与排版

1. 实验目的

① 掌握艺术字、剪贴画的插入方法。
② 掌握图文混合排版方法。
③ 学会绘制流程图。
④ 掌握文本框的使用。
⑤ 掌握图形组合的方法。
⑥ 学会编辑数学公式。

2. 实验内容

在空白文本中插入艺术字和剪贴画，利用"形状"按钮绘制流程图，利用"公式"按钮编辑数学公式,样张如下。

大学计算机基础

※ 电子计算机的发展 ※

1946 年 2 月 15 日世界上第一台电子计算机 *ENIAC*（*Electronic Numerical Integrator and Computer*）诞生于美国**宾夕法**尼亚大学，它主要用于第二次世界大战后期的弹道计算。*ENIAC* 的研制成功，是计算机发展史上的一个里程碑，人类计算技术达到了另一个新的起点。*ENIAC* 与现在我们日常看到的计算机不大相同，它共用了 *18000* 个电子管，另加 *1500* 个继电器以及其他器件，其总体积约 *90*m³，重达 *30*T，占地 *170*m²，需要用一间 *30* 多米长的大房间才能存放，是个地地道道的庞然大物。这台耗电量为 *140*kW 的计算机，运算速度为每秒 *5000* 次加法，或者 *400* 次乘法，比机械式的继电器计算机快 *1000* 倍。当 *ENIAC* 公开展出时，一条炮弹的轨道的计算只用 *20* 秒，比炮弹本身的飞行速度还快。

……

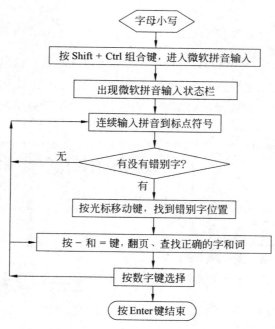

```
         ╱ 字母小写 ╲
         ╲         ╱
              │
   ┌──────────────────────────┐
   │ 按 Shift + Ctrl 组合键，进入微软拼音输入 │
   └──────────────────────────┘
              │
   ┌──────────────────────┐
   │   出现微软拼音输入状态栏   │
   └──────────────────────┘
              │
   ┌──────────────────────┐
   │   连续输入拼音到标点符号   │
   └──────────────────────┘
              │
   无     ╱ 有没有错别字? ╲
   ◄──────╲            ╱
              │ 有
   ┌──────────────────────────┐
   │ 按光标移动键，找到错别字位置 │
   └──────────────────────────┘
              │
   ┌──────────────────────────────┐
   │ 按 - 和 = 键，翻页、查找正确的字和词 │
   └──────────────────────────────┘
              │
   ┌──────────────┐
   │   按数字键选择   │
   └──────────────┘
              │
       ╱ 按 Enter 键结束 ╲
```

(1) 已知 $f'(x) = \left(\dfrac{2x}{1+x^4}\right)'$，求导数的结果为：$f'(x) = \dfrac{2-6x^4}{(1+x^4)^2}$。

(2) 记 $u_n = \displaystyle\int_0^L |\ln t| \, [\ln(1+t)]^n \mathrm{d}t \quad (n = 1, 2, \cdots, L)$，求极限 $\lim\limits_{n \to \infty} u_n$。

（3）设 $A = \begin{pmatrix} \lambda & 1 & 1 \\ 0 & \lambda-1 & 0 \\ 1 & 1 & \lambda \end{pmatrix}$，$B = \begin{pmatrix} a \\ 1 \\ 1 \end{pmatrix}$，求 $C = A \times B$。

3. 排版要求

（1）插入艺术字

向实验 2-1 的第一段文字中插入艺术字"大学计算机基础"，选择"艺术字"的样式为渐变填充-灰色，轮廓-灰色。设置"文本效果"中的"阴影"效果为左上角透视，设置"文本效果"中的"转换"效果为桥形。

（2）插入剪贴画

向第一段文字中插入"剪贴画"中的 BUS 图片，并调整为适当大小，再将"剪贴画"由"嵌入型"转换为"四周型环绕"，并处于第一段文字中间位置。

（3）绘制流程图

利用"插入"选项卡中"插图"组的"形状"按钮，绘制微软拼音输入法输入中文文字的流程图。

（4）输入数学公式

利用"插入"选项卡中"符号"组的"公式"按钮输入数学公式。

4. 操作步骤

（1）插入艺术字

打开"2017014000 王君 WORD 作业 1"，光标定位在标题行前面，选择"插入"选项卡，单击"文本"组中的"艺术字"按钮，选择"艺术字"的样式为渐变填充-灰色，轮廓-灰色。在光标所在位置出现"请在此放置您的文字"，直接输入"大学计算机基础"，如图 2-18 所示。

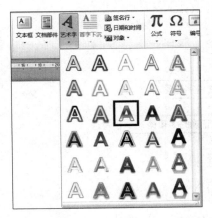
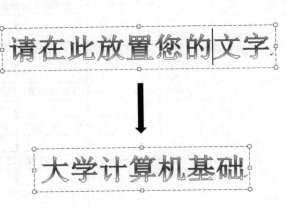

图 2-18　插入艺术字效果

选中"大学计算机基础"艺术字，出现"绘图工具"→"格式"选项卡。在"艺术字样式"

组中，单击"文本效果"→"阴影"中的"左上角透视"命令，如图 2-19 所示。在"文本效果"→"转换"中选择"桥形"命令，如图 2-20 所示。

（2）插入剪贴画

光标定位插入点，选择"插入"选项卡，在"插图"组中，单击"剪贴画"命令，在编辑窗口右侧出现"剪贴画"任务窗格，如图 2-21 所示。在"搜索文字"的文本框中输入 bus，然后单击"搜索"按钮，单击选择列表中的 bus 剪贴画。

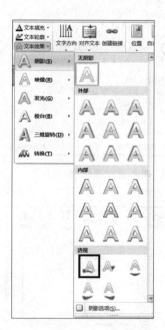
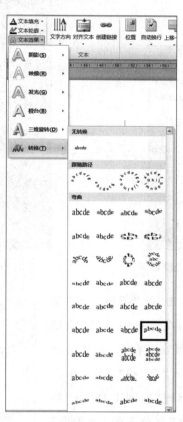

图 2-19　设置艺术字阴影效果　　图 2-20　设置艺术字转换效果　　图 2-21　插入剪贴画

单击"剪贴画"，出现"绘图工具"→"格式"选项卡，在"排列"组中，单击"自动换行"命令，弹出快捷菜单，在快捷菜单中选择"四周型环绕"命令，如图 2-22 所示。将"剪贴画"拖至第一段文字的中央位置。

（3）绘制流程图

在 Word 中打开新的一页，选择"插入"选项卡，在"插图"组中单击"形状"按钮，在"流程图"类别中选择流程图图框各种基本形状，在页面空白处绘制出来，在流程图图框上右击，在弹出的快捷菜单中选择"添加文字"命令，输入文字，如图 2-23 所示。在"线条"类别中选择箭头，绘制各种箭头，将上述流程图图框进行连接。

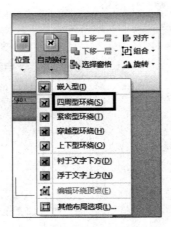

图 2-22　剪贴画的环绕设置

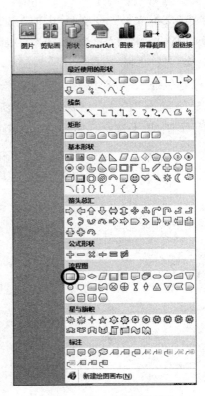

图 2-23　插入流程图图框

选择"插入"选项卡,单击"文本"组中的"文本框"按钮,弹出选择菜单,在菜单中选择"绘制文本框"命令,如图 2-24 所示,在页面中画出"文本框"。向文本框中输入"有"或"无"。单击选中"文本框",在功能区出现"绘图工具"→"格式"选项卡,选择"形状轮廓"菜单下的"无轮廓"命令,并将文本框拖动到指定位置即可,如图 2-25所示。

(4) 输入数学公式

光标定位于公式插入点,选择"插入"选项卡,单击"符号"组中的"公式"按钮,弹出选择菜单,在菜单中选择"插入新公式"命令,如图 2-26 所示。在功能区出现"公式工具"→"设计"选项卡,在文本编辑区出现"在此处键入公式"提示,如图 2-27所示。

图 2-24　插入文本框

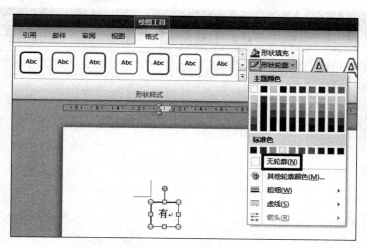

图 2-25　无边框文本框设置

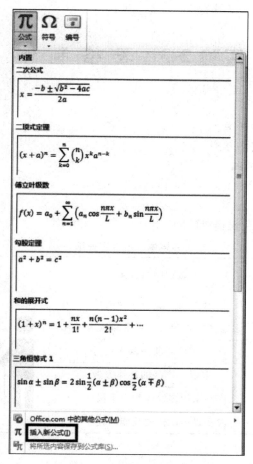

图 2-26　插入新公式

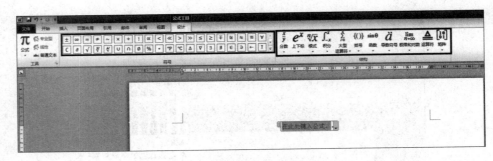

图 2-27　输入公式界面

思考题

1. 如何在页面中插入图像文件？
2. 如何绘制三维图形？
3. 如何将两张图片组合在一起？
4. 如何插入各种常用公式？

实验 2-3　表 格 制 作

1. 实验目的

① 掌握表格的创建方法。
② 掌握表格的格式化方法。
③ 学会填充表格内容。

2. 实验内容

绘制嵌入图片的复杂表格，样张如下：

多媒体技术讲座安排

安排 时间		▲讲座内容▲	讲座地点
12 日	上午	计算机历史与应用前景	北区礼堂
	下午	多媒体技术的历史背景和技术手段	
13 日	上午	多媒体对象的制作技巧	
	下午	多媒体产品的制作方法	
备注		1. 该讲座采用多媒体教学手段	
		2. 解决多媒体制作的技能问题	

3. 排版要求

创建一个 7 行 4 列的空表格。分别合并单元格 11（表示第 1 行第 1 列所在单元格，以下同）和单元格 12、单元格 21 和单元格 31、单元格 41 和单元格 51、单元格 61 和单元格 71、单元格 62 和单元格 63、单元格 72 和单元格 73，再把单元格 24 至单元格 74 合并。表格外侧框线设置为"1½磅"，调整表格的列宽，在单元格 11 添加"左上右下"分割线。

表头文字为"小四"、"加粗"，其余文字为"五号"，表格中的内容除第一个单元格外设置为上下、左右居中，最后一个单元格"文字竖排"并插入任意剪贴画。

4. 操作步骤

选择"文件"菜单，单击"新建"命令，选择"空白文档"，出现空白页面。

选择"插入"选项卡，单击"表格"组中的"表格"命令，在插入表格示例中拖动鼠标直至出现"4×7 表格"，如图 2-28 所示。

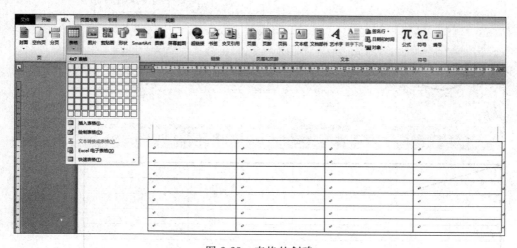

图 2-28　表格的创建

选中任意需要合并的两个或者多个单元格，在功能区出现"表格工具"选项卡，选择"布局"选项卡，单击"布局"选项卡中的"合并单元格"命令，如图 2-29 所示。选中整个表格，出现"表格工具"选项卡，选择"设计"选项卡，设置外侧框线为"1.5 磅"，然后单击"外侧框线"命令，如图 2-30 所示。

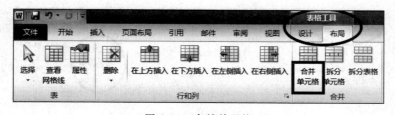

图 2-29　合并单元格

选中表格列线，此时，光标形态为 ◀▮▶，拖动表格列线即可调整表格列宽。在"表格工具"选项卡，选择"设计"选项卡，单击"绘制表格"命令，在第一个单元格中画出分割线，如图 2-31 所示。

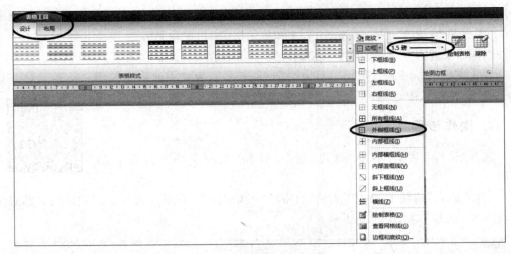

图 2-30　外侧框线的设置

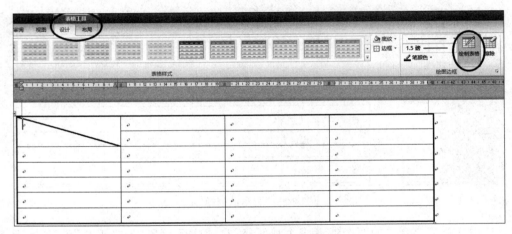

图 2-31　表格斜线的绘制

选定相应单元格,输入相应文字。选中除带有分割线的单元格外的整个表格,在"表格工具"选项卡,选择"布局"选项卡,单击"对齐方式"组中的"水平居中"命令,如图 2-32 所示。

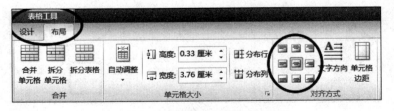

图 2-32　表格中文字的居中

在带有分割线的单元格输入"安排",选择"开始"选项卡,在"段落"组选择"右对齐",然后按 Enter 键,再输入"时间"选择"两端对齐"。最后一个单元格内容输入文字后,在"表格工具"选项卡,选择"布局"选项卡,单击"对齐方式"组中的"文字方向"命令,如

大学计算机实验指导(第 4 版)

图 2-33 所示。最后在单元格中插入任意一张剪贴画,并调整其大小以适合单元格。

图 2-33　纵向文字的设置

最后,选择"文件"中的"另存为",保存文件为"2017014000 王君 WORD 作业 2"。

思考题

1. 如何实现表格在页面居中?
2. 如何对表格增加行或列,并使行或列平均分布?
3. 如何拆分单元格?
4. 如何绘制三分割的斜线表头?

实验 2-4　长文档的排版及应用

1. 实验目的

① 掌握样式的创建和修改方法。
② 掌握标题设定及显示方法。
③ 学会利用标题生成目录的方法。
④ 掌握目录格式的设置方法。
⑤ 掌握脚注的添加方法。
⑥ 掌握长文档排版的基本方法。

2. 实验内容

利用样式创建标题和正文格式,利用标题自动生成目录。应用 Word 程序进行论文排版的综合应用。样张如图 2-34 和图 2-35 所示。

3. 排版要求

(1) 设置论文内容格式
正文文字采用"宋体""小四"号字,行距为"固定值,22 磅","段前""段后"均为"0 行"。
标题 1 为"章"标题,采用"黑体""小三"号字,内容"居中"。
标题 2 为"节"标题,采用"黑体""四"号字,内容"居中"。
标题 3 为"小节"(型如 1.1.1)标题,采用"宋体""小四"号字,字形"加粗",内容"左对齐"。
标题 1 和标题 2"段前""段后"均为"自动",标题 3"段前""段后"均为"0 磅"。

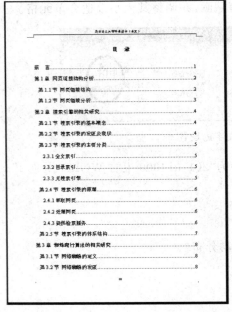

图 2-34　目录标式

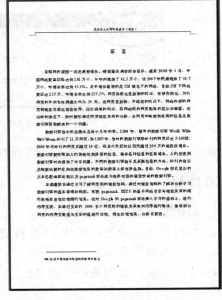

图 2-35　样式正文

（2）设置论文目录格式

利用标题自动生成目录。

目录内容均设置为"四号字""单倍行距"，"段前""段后"均为"0 磅"。各级标题和页码用"……"相连，页码字体为 Times New Time 并右对齐。

"章"标题设置为"黑体"字，"左缩进"为 0。

"节"标题设置为"宋体"字，"左缩进"为"0.37 厘米"。

"小节"标题设置为"宋体"字，"左缩进"为"0.74 厘米"。

（3）设置论文页面格式

页面纸张采用"A4"、"方向"为"纵向"。设置页边距为：上 3.5 厘米、下 2.6 厘米、左 2.7 厘米、右 2.7 厘米，"装订线位置"为"左"。设置页眉边距为 2.4 厘米、页脚边距为 2 厘米。

页眉内容为"北京化工大学毕业设计（论文）"，文字居中，字体为"宋体"，字号为"小五号"。页脚插入页码，中英文摘要和目录的页码以罗马数字表示顺序，正文以阿拉伯数字表示顺序，位置居中。

（4）在论文中插入脚注

在论文前言"……年增长率达到 137.5"后面加"脚注"，位置为"页面底端"，符号为"＊"，内容为"第 22 次中国互联网络发展状况统计报告"。

4. 操作步骤

（1）设置论文内容格式

选择"开始"选项卡，单击"样式"组最右下角的"显示样式窗口"按钮,打开"样式"任务窗格,如图 2-36 所示。

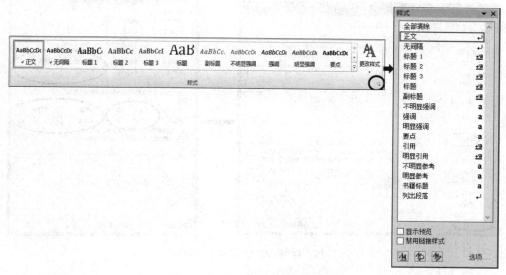

图 2-36　打开"样式"任务窗格

选择"样式"任务窗格中的"正文",单击右侧的按钮$\boxed{\checkmark}$,选择"修改",进入"修改样式"对话框。在"修改样式"对话框中,设置正文的格式为"宋体""小四"如图 2-37 所示。

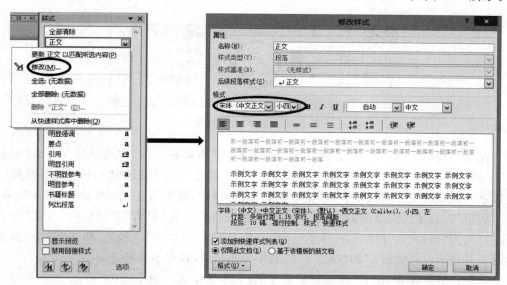

图 2-37　在"样式"中更改正文格式(1)

再单击左下角的"格式"按钮,选择"段落"。在"段落"对话框中,选择"特殊格式"中的"首行缩进",设置"磅值"为"2 字符"。设置"行距"为"固定值"、"设置值"为"22 磅"。设置"段前""段后"均为"0 行"。最后,单击"确定"按钮,如图 2-38 所示。

为方便操作,可用鼠标选中"前言……"以后的所有文字,单击"样式"组中的"正文"按

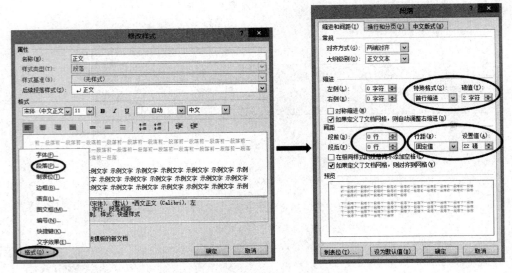

图 2-38　在"样式"中更改正文格式(2)

钮,即可将"前言"后的所有文字按照已修改的正文格式进行排版。

对于论文章节,可以选择"大纲视图"的方式来显示和设置各级标题的格式。选择"视图"选项卡,单击"文档视图"组中的"大纲视图"按钮,使文档进入大纲视图,如图 2-39 所示。

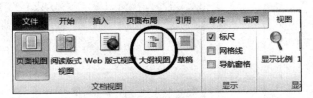

图 2-39　选择"大纲视图"

在大纲视图下,选择"开始"选项卡,单击"样式"组最右下角的"显示样式窗口"按钮,打开"样式"任务窗格,选择"样式"任务窗格中的"标题一",单击右侧的按钮▼,选择"修改",进入"修改样式"对话框。在"修改样式"对话框中,设置标题一的格式为"黑体""小三号""居中"。再单击左下角的"格式"按钮,选择"段落"。在"段落"对话框中,设置"段前""段后"均为"自动","行距"为"单倍行距","特殊格式"为"无"。最后,单击"确定"按钮,如图 2-40 所示。"标题 2"和"标题 3"的操作与此相同,在此不再赘述。

鼠标指针定位在"前言"所在行的最左侧(文本选定区),单击选中"前言"所在的行,再按住 Ctrl 键,连续选中标题"第 1 章…""第 2 章…"…"结论",选择"开始"选项卡,单击"样式"组中的"标题1",如图 2-41 所示。同样连续选中"第 1.1 节…""第 2.1 节…"等二级标题,再连续选中"2.3.1…""2.3.2…"等三级标题,分别单击"样式"组中的"标题 2"和"标题 3",即可完成二级标题和三级标题的设置。

(2)设置论文目录格式

在页面视图下,光标定位在"目录"下一行,选择"引用"选项卡,单

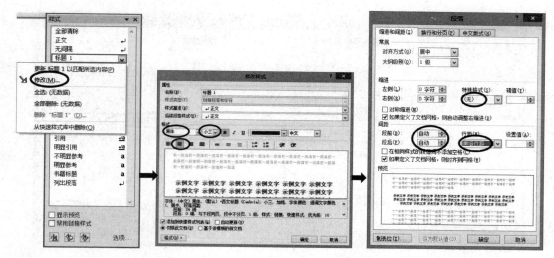

图 2-40　在"样式"中更改标题格式

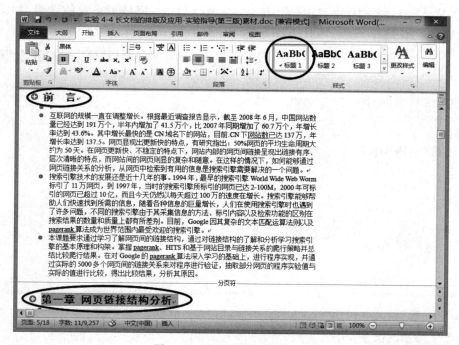

图 2-41　为文档设置"标题 1"

击"目录"组中的"目录"按钮，在弹出的菜单中选择"插入目录"命令，出现"目录"对话框，在"目录"对话框中单击"目录"选项卡标签，选中"显示页码""页码右对齐"复选框和"使用超链接而不使用页码"复选框，"格式"选择为"来自模版"、"制表符前导符"选择为"……"，如图 2-42 所示。

单击"修改"按钮，进入"样式"对话框。选择"目录 1"（目录 1 对应目录页中的标题 1，目录 2 对应目录页中的标题 2，以此类推）并单击"修改"按钮，进入"修改样式"对话框。

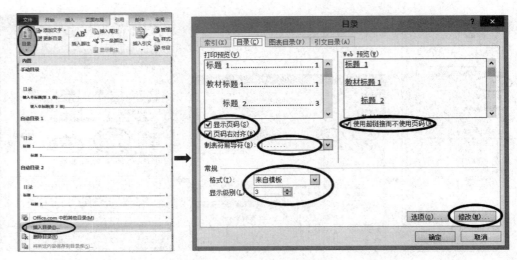

图 2-42　生成目录的过程

在"修改样式"对话框中,单击"格式"按钮,可进行"目录 1"显示格式的设置,如图 2-43
所示。

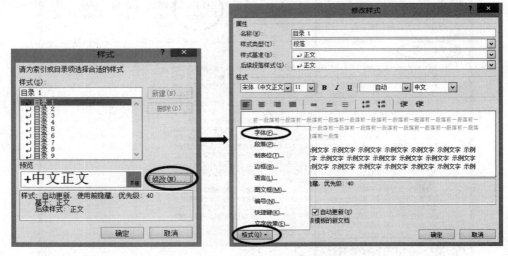

图 2-43　修改目录显示格式

选择"格式"按钮中的"字体"命令,进入"字体"对话框。设置"中文字体"为"黑体",设置"西文字体"为 Times New Roman,设置"字号"为"四号",单击"确定"按钮,如图 2-44 所示。

选择"格式"按钮中的"段落"命令,进入"段落"对话框。在"缩进"框中,设置"左侧"为"0 字符"、"段前"和"段后"为"0 行"、"行距"为"单倍行距",单击"确定"按钮,如图 2-45 所示。

图 2-44　设置目录 1"字体"格式

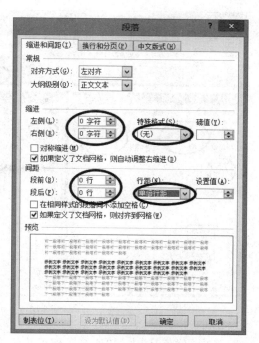

图 2-45　设置目录 1"段落"格式

　　选择"格式"按钮中的"制表位"命令,进入"制表位"对话框。设置"对齐方式"为"右对齐",选中"前导符"为 2,单击"确定"按钮,如图 2-46 所示。

　　最后单击"修改样式"对话框中的"确定"按钮,返回"样式"对话框。此时,可以按照同样方法分别设置"目录 2"和"目录 3"的格式。所有目录格式设置完成后,单击"样式"对话框和"目录"对话框的"确定"按钮,即可完成目录的生成和目录显示格式的修改。

　　(3) 设置论文页面格式

　　选择"页面布局"选项卡,单击"页面设置"组最右下角的小按钮,出现"页面设置"对话框。选择"页边距"选项卡,设置页边距"上"为"3.5 厘米"、"下"为"2.6 厘米"、"左"和"右"均为"2.7 厘米"、"纸张方向"为"纵向"、"装订线位置"为"左"。再选择"纸张"选项卡,

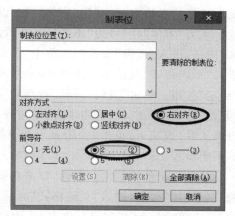

图 2-46　设置目录 1

设置"纸张大小"为"A4"。最后选择"版式"选项卡,设置"距边界"中"页眉"为"2.4 厘米"、"页脚"为"2 厘米"。单击"确定"按钮,如图 2-47 所示。

　　根据论文排版格式的要求"中英文摘要和目录的页码以罗马数字表示顺序,正文以阿拉伯数字表示顺序",需要对论文进行分节操作。把鼠标指针定位到"目录"的末端,选择"页面布局"选项卡,单击"页面设置"组中"分隔符"按

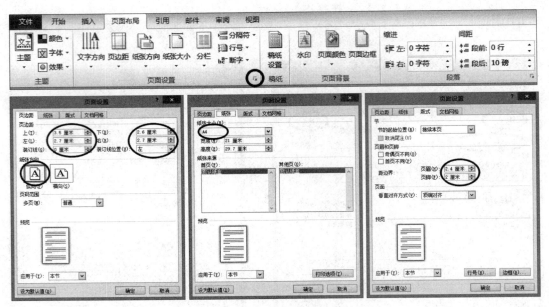

图 2-47　论文页面设置

钮,选中"分隔符"中的"连续",即可将论文分为 2 节。

　　光标定位在论文首页,选择"插入"选项卡,在"页眉和页脚"组中单击"页眉"按钮,在弹出的"菜单"中单击"编辑页眉"命令。出现新的"页眉和页脚工具"选项卡,同时可以在页眉光标位置输入"北京化工大学毕业设计(论文)",选择"开始"选项卡,在"字体"组中设置字体为"宋体"、字号为"小五号",在"段落"组中设置对齐方式为"居中"。单击"转至页脚"按钮,进入"页脚"设置框。单击"页码"按钮,在弹出菜单中选择"设置页码格式"按钮,进入"页码格式"对话框。选择"编号格式"为"Ⅰ,Ⅱ,Ⅲ,…",设置"起始页码"为Ⅰ,单击"确定"按钮。单击"页码"按钮,在弹出菜单中选择"当前位置"中的"普通数字",再单击"开始"选项卡,在"段落"组中设置"对齐方式"为"居中",设置页码"居中"。返回"页眉和页脚工具"选项卡,单击"关闭页眉和页脚"按钮,如图 2-48 所示,即可完成对论文第 1 节的页码设置。

　　将光标定位到"前言"页面,双击页脚位置。单击"页码"按钮,在弹出菜单中选择"设置页码格式"按钮,进入"页码格式"对话框。选择"编号格式"为"1,2,3,…",设置"起始页码"为 1,单击"确定"按钮。单击"关闭页眉和页脚"按钮,即可完成对论文第 2 节的页码设置,如图 2-49 所示。

　　(4)重新更新目录

　　选中所有的目录,在选中的区域上右击,在弹出的快捷菜单中选择"更新域",弹出"更新目录"对话框,选中"只更新页码"单选按钮,单击"确定"按钮,完成目录页码的更新,如图 2-50 所示。

　　(5)在论文中插入脚注

　　鼠标光标定位在"前言"中第 5 行"……年增长率达到 137.5"后面,选择"引用"选项卡,单击"脚注"组最右下角的"脚注和尾注"按钮,出现"脚注和尾注"对话框。在"脚注和

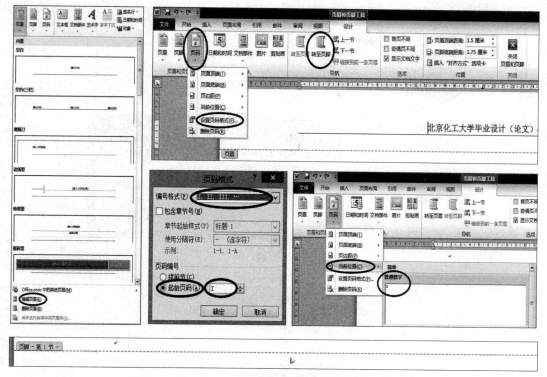

图 2-48　设置页眉和页脚

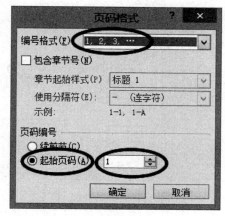

图 2-49　更改页脚格式

尾注"对话框中,设置"脚注"的位置为"页面底端"、"编号格式"为"①,②,③,…"、"起始编号"为 1、"将更改应用于"为"整篇文档",单击"插入"按钮,如图 2-51 所示。在页面底端输入"第 22 次中国互联网络发展状况统计报告",即完成脚注的插入。

　　最后,将编辑好的论文排版素材另存为"2017014000 王君 WORD 作业 3"文件。

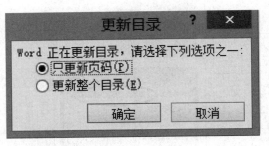

图 2-50　更新目录页

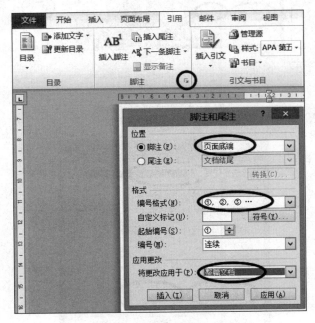

图 2-51　设置脚注

思考题

1. 如何删除已有的样式？
2. 如何为样式设置快捷键？
3. 如何设置更多级别的标题？
4. 如何更新目录中的页码？

实验 2-5 邮件合并

1. 实验目的

掌握邮件合并方法。

2. 实验内容

利用北京化工大学教务处家长信模板（Word 文件）和期末成绩列表（Excel 文件）打印给所有家长发送的家长信，如图 2-52 和图 2-53 所示。

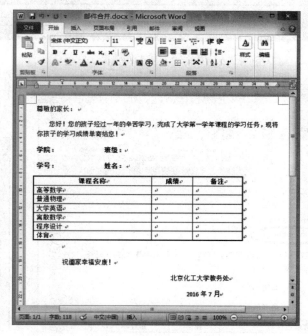

图 2-52　家长信模板

3. 实验要求

下载实验素材：北京化工大学教务处家长信模板（Word 文件）和期末成绩单（Excel 文件），利用邮件合并功能，打印给所有家长发送的家长信。

4. 操作步骤

打开"北京化工大学教务处家长信"模板文件，选择"邮件"选项卡，单击"开始邮件合并"组的"开始邮件合并"按钮，在弹出的菜单中选择"邮件合并分步向导"命令，如图 2-54 所示，在窗口右侧出现"邮件合并"任务窗格，显示向导第 1 步，如图 2-55 所示。

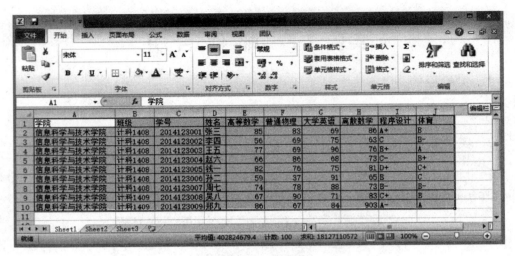

图 2-53　期末成绩单

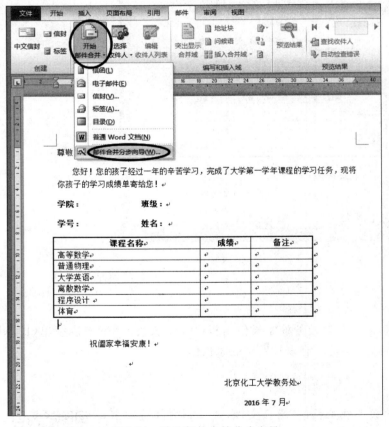

图 2-54　进入邮件合并分步向导　　　　　　　图 2-55　向导第 1 步

　　在"邮件合并"向导第 1 步中,选择"信函",单击"下一步:正在启动文档",进入"邮件合并"向导第 2 步,再选择"使用当前文档",单击"下一步:选取收件人",如图 2-56 所示。

进入"邮件合并"向导第 3 步,如图 5-57 所示,选中"使用现有列表",并单击"浏览"按钮,打开"选取数据源"对话框,选中作为实验素材的期末成绩列表(Excel 文件,此处为成绩表.xlsx),单击"打开"按钮,如图 2-58 所示。打开"选择表格"对话框,选中"数据首行包含列标题",选择"成绩单",单击"确定"按钮,如图 2-59 所示。

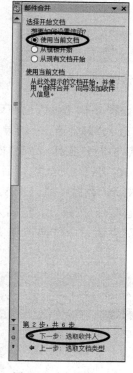

图 2-56　向导第 2 步

图 2-57　向导第 3 步

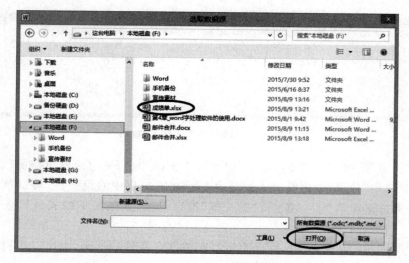

图 2-58　打开"选取数据源"对话框

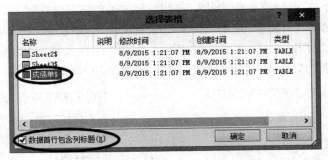

图 2-59　"选择表格"对话框

　　出现"邮件合并收件人"窗口，单击"确定"按钮，如图 2-60 所示，返回到图 2-57 所示的"邮件合并"向导第 3 步，单击"下一步：撰写信函"进入"邮件合并"向导第 4 步。把鼠标光标定位在"家长信"文档中"学院："后面，单击"其他项目"按钮，出现"插入合并域"对话框，如图 2-61 所示。选择"学院"，单击"插入"按钮，在文档中"学院："后面出现对应的数据库域，如图 2-62 所示。同样插入"班级""学号""姓名"数据库域。把鼠标光标定位于"高等数学"后面的"成绩"下面的单元格中，单击"其他项目"按钮，出现"插入合并域"对话框，插入"高等数学"数据库域。同样插入"普通物理""大学英语""离散数学""程序设计"和"体育"等数据库域，如图 2-63 所示。

邮件合并收件人

这是将在合并中使用的收件人列表。请使用下面的选项向列表添加项或更改列表。请使用复选框来添加或删除合并的收件人。如果列表已准备好，请单击"确定"。

数..	✓	姓名	学院	班级	学号	高等数学	普通物理	大学英语	离散数学	程序设计	体育
成绩..	✓	张三	信息科学与技术学院	计科1408	2014123001	85	83	69	86	A+	B
成绩..	✓	李四	信息科学与技术学院	计科1408	2014123002	56	69	75	63	C	B-
成绩..	✓	王五	信息科学与技术学院	计科1408	2014123003	77	69	96	76	B+	A
成绩..	✓	赵六	信息科学与技术学院	计科1408	2014123004	66	86	68	73	C-	B+
成绩..	✓	钱一	信息科学与技术学院	计科1408	2014123005	82	76	75	81	D+	C
成绩..	✓	孙二	信息科学与技术学院	计科1408	2014123006	59	37	91	65	B	C
成绩..	✓	周七	信息科学与技术学院	计科1408	2014123007	74	78	88	73	B-	B-
成绩..	✓	吴八	信息科学与技术学院	计科1409	2014123008	67	90	71	83	C+	B
成绩..	✓	郑九	信息科学与技术学院	计科1409	2014123009	86	67	84	903	A-	A

数据源：成绩单.xlsx

调整收件人列表：
排序(S)...
筛选(F)...
查找重复收件人(D)...
查找收件人(N)...
验证地址(V)...

编辑(E)...　刷新(H)

确定

图 2-60　"邮件合并收件人"窗口

　　单击"关闭"按钮，进入"邮件合并"向导第 4 步，单击"下一步：预览信函"，"期末成绩单"Excel 文件中"成绩"表中第一人的信息显示在家长信中的第一页，可以单击右侧"邮件合并"任务窗格中的"上一条"和"下一条"按钮，显示其他同学的成绩信息，如图 2-64 所示。

　　单击"下一步：完成合并"，可以直接打印邮件合并后的信函，也可以编辑单个信函，如图 2-65 所示。

大学计算机实验指导（第 4 版）

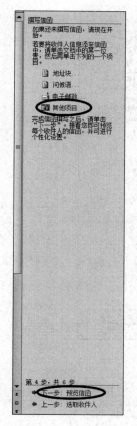

图 2-61 向导第 4 步

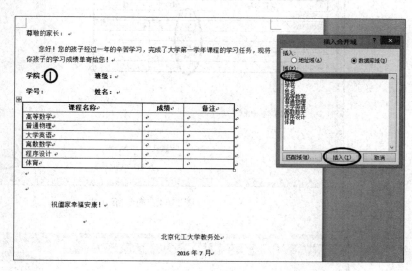

图 2-62 插入合并域一

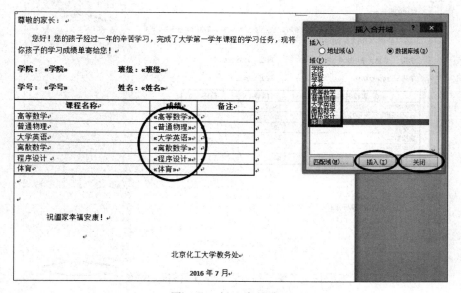

图 2-63 插入合并域二

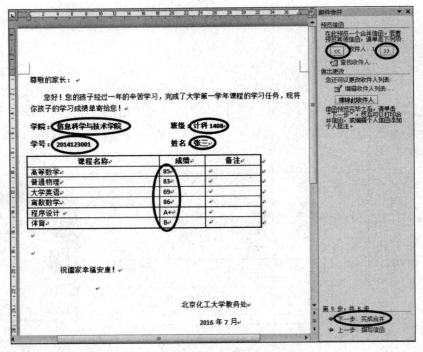

图 2-64　向导第 5 步

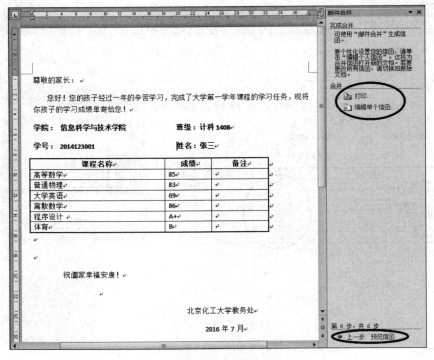

图 2-65　向导第 6 步

思考题

1. 如何合并其他的文档类型？
2. 如何选择其他的收件人？
3. 如何插入地址域？
4. 如何编辑单个信函？

第3章

Excel 电子表格软件实验

　　Excel 电子表格软件是进行表格制作、图表生成、数据运算、数据统计和管理的综合办公自动化软件,在财务、销售、统计等多个领域得到了广泛的应用。

实验 3-1　Excel 电子表格的基本操作

1. 实验目的

① 掌握各种数据的输入方法。
② 掌握右键调出快捷菜单的方法。
③ 掌握字体、字号和数字格式的设置方法。
④ 掌握表格的编辑与格式化方法。
⑤ 学会利用公式和函数进行计算。

2. 实验内容

　　在"Excel 实验素材 1"工作簿中,对 Sheet1 进行部分数据填充、格式化和数据计算,样张如图 3-1 所示。

3. 操作要求

　　(1) 向 Excel 表格输入数据
　　打开"Excel 实验素材 1"工作簿,重命名 Sheet1 工作表为"期末成绩"。在第 2 行上方插入 1 行。在 A2 单元格中输入"考试时间:",并设置为"当前日期"。在 A2 单元格"考试时间"下方输入"考试地点:主教楼 401"。在"学号"下方采用"填充输入"的方法填充数字。
　　(2) 设置单元格格式
　　将单元格 A1 至 H1 合并居中,设置标题字号为 16 并加粗。
　　将单元格 A2 至 H2 合并,设置单元格内容"左对齐"。
　　将单元格 A24 和 B24、A25 和 B25、A26 和 B26 分别合并,设置单元格区域 C24:H24 小数位数为 1。
　　将单元格区域 H4:H26 和 C24:G26 设置底纹为"灰色 25%"。

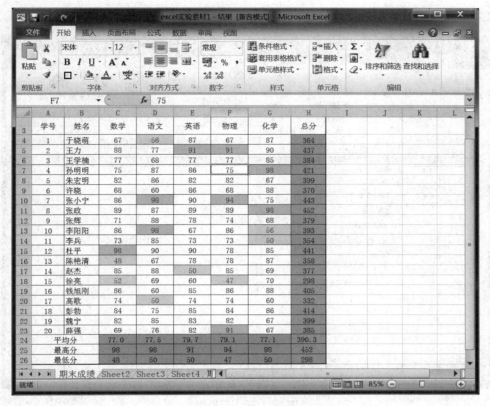

图 3-1　Excel 表格样张

为单元格区域 A3：H26 添加单元格框线，并把单元格区域外部框线加粗，设置单元格内容"居中"。

（3）设置条件格式

将单元格中"大于或等于"90 的数值设置为"绿色""加粗""倾斜"，将单元格中"小于"60 的数值设置为"红色""加粗""倾斜"。

（4）进行公式和函数计算

用公式计算一名学生的总分，采用"自动填充"方法计算所有学生的总分。

用函数计算一门课程的平均分、最高分和最低分，采用"自动填充"方法计算所有课程的平均分、最高分和最低分。

（5）保存工作簿

将"Excel 实验素材 1"另存到 E 盘上的 2017014000 文件夹中，文件名以学生学号和姓名命名，如"2017014000 王君 Excel 作业 1"。

4. 操作步骤

（1）向 Excel 表格输入数据

打开"Excel 实验素材 1"工作簿，双击 Sheet1 工作表标签，输入"期末成绩"。单击第二行的行号 2，选中第 2 行并右击，打开快捷菜单，在快捷菜单中选择"插入"命令，即可插入 1 行，如图 3-2 所示。

图 3-2　插入行操作

在单元格 A2 中输入"考试时间："后，同时按"Ctrl＋;"，即可输入当前日期。再按"Alt＋Enter"，可实现单元格内的换行，输入"考试地点：主楼 401"。在 A4 和 A5 单元格中分别输入 1 和 2，同时选中单元格 A4 和 A5，用鼠标拖动填充柄，如图 3-3 所示，即可实现数据的自动填充。

（2）设置单元格格式

选中单元格 A1:H1，单击"开始"菜单的"对齐方式"功能区中的"合并单元格"按钮，实现单元格 A1 至 H1 合并及单元格内容的居中。再选择"字号"为 16，单击"加粗"按钮 **B**。

选中单元格 A2:H2，在"对齐方式"功能区中设置"合并单元格""水平居中""垂直居中"格式，如图 3-4 所示。

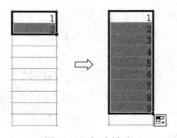

图 3-3　自动填充

图 3-4　单元格合并及文字居中设置

分别选中 A24 和 B24、A25 和 B25、A26 和 B26 单元格,单击"对齐方式"功能区中的"合并单元格"按钮，进行单元格合并。再选中 C24:H24 单元格区域,单击"数字"功能区中的"增加小数位数"按钮，即可设置 C24:H24 单元格内数值为 1 位小数。

　　先选中单元格区域 H4:H26,再按 Ctrl 键选中 C24:G26,单击"字体"功能区的"填充颜色"按钮旁的折叠按钮(即下三角按钮)打开填充颜色,在"主题颜色"中选择"白色,背景 1,深色,25％",如图 3-5 所示。

　　选中单元格区域 A3:H26,单击"字体"功能区的"边框"按钮旁的折叠按钮，即可打开边框设置项,为单元格区域设置"所有框线"和"粗匣框线"等,如图 3-6 所示。

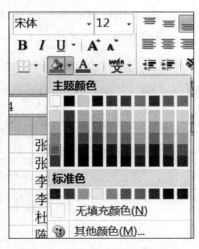

图 3-5　为单元格区域添加底纹

图 3-6　为单元格设置边框

（3）设置条件格式

　　选中单元格区域 C4:G23,在"开始"菜单的"样式"功能区中"条件格式"命令实现依据单元格中数值设置不同格式突出显示。如图 3-7 所示,可以加入不同的"符号标记""数据条""色阶",也可设置"突出显示单元格规则"——单元格数值"小于"60,设置"字形"为"加粗倾斜","颜色"为"红色","单元格数值""介于"90 和 100 之间,设置"字形"为"加粗倾斜"，"颜色"为"绿色"。

图 3-7　设置条件格式

（4）进行公式和函数计算

选中单元格 H4，在单元格 H4 中输入公式"＝C4＋D4＋E4＋F4＋G4"，按 Enter 键，即可计算出第一位学生的总分。再选中单元格 H4，用鼠标拖动填充柄，即可填充所有学生的总分。也可使用函数 SUM 求和。下面以求平均数为例介绍函数使用方法。

选中单元格 C24，单击"插入函数"按钮 f_x，在"插入函数"对话框中选择 AVERAGE 函数，单击"确定"按钮。在"函数参数"对话框中，向 Number1 中输入"C4:C23"（或者用鼠标选中 C4:C23，再单击按钮，返回"函数参数"，以此确定函数计算范围），单击"确定"按钮，如图 3-8 所示。同样利用填充柄，可自动计算其他课程的平均分。

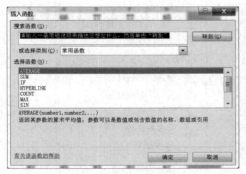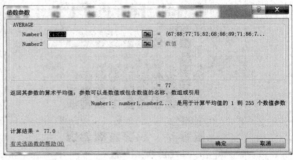

图 3-8　函数计算

采用同样方法可以通过插入函数 MAX 和 MIN，计算各门课程的最高分和最低分，在此不再赘述。

（5）保存工作簿

选择"文件"→"另存为"命令。在"另存为"对话框中，将"保存位置"设置为"E：\2017014000"，"文件名"以学生的学号加姓名命名，如"2017014000 王君 Excel 作业 1"，然后单击"保存"按钮。

思考题

1. 如何冻结窗格？
2. 如何隐藏行或列？
3. 如何快速设置最适合行高和列宽？
4. 删除与清除的区别是什么？
5. 已知每位学生的出生年月日，如何计算他们的实际年龄？
6. 网吧收费规定：上网时间小于半小时按分钟计费，大于 1 小时按小时计费，并规定连续上网不超过 1 天(24 小时)，若超过就进行超时警告。如何设计表格并计算出相应的费用？

实验 3-2　数据的统计与管理

1. 实验目的

① 掌握单元格的引用。
② 掌握数据的排序方法。
③ 掌握利用函数进行数据转换和统计的方法。
④ 掌握 Excel 图表的创建方法。
⑤ 掌握数据的自动筛选和高级筛选方法。
⑥ 掌握数据分类汇总的方法。

2. 实验内容及操作要求

(1) 利用单元格的引用建立工作表

将实验 3-1 中工作簿的 Sheet2 工作表标签重命名为"期末成绩排序"，通过单元格的引用，建立期末成绩排序表，如图 3-9 所示。

(2) 数据排序

对"期末成绩排序"工作表进行降序排列，主要关键字为"总分"、次要关键字为"数学"、第三关键字为"语文"，排序结果如图 3-10 所示。

(3) 数据转换和统计

将工作表 Sheet3 重命名为"期末成绩统计"。在"期末成绩统计"工作表中，将"语文"分数转换成五级分制，转换关系如表 3-1 所示。

表 3-1　百分制和五级分制转换表

百分制	90 分以上	80～89 分	70～79 分	60～69	60 分以下
五级分制	优	良	中	及格	不及格

统计"数学"成绩 90 分以上、80～89 分、70～79 分、60～69 分以及 60 分以下的人数，数据转换和统计结果如图 3-11 所示。

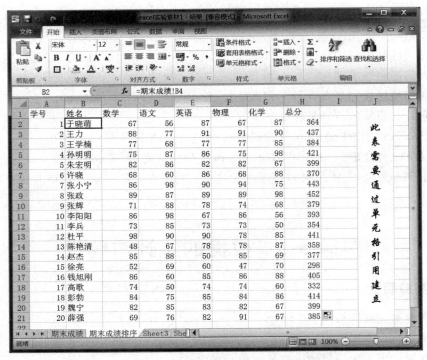

图 3-9　期末成绩排序表

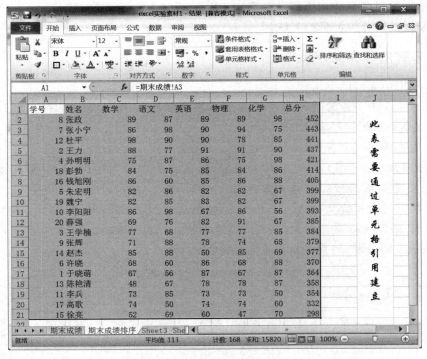

图 3-10　排序结果

图 3-11　数据转换和统计结果

（4）创建 Excel 图表

在"期末成绩统计"工作表中分别创建"分离型三维饼图"和"簇状柱形图"，用来表示"数学"成绩统计，结果如图 3-12 所示。

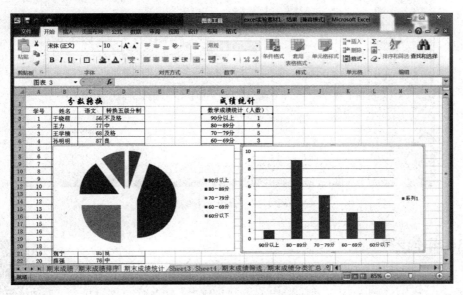

图 3-12　Excel 图表示例

（5）进行数据筛选

分别用"自动筛选"和"高级筛选"方法筛选出"总分"大于 400 并且"数学"大于 80 的学生，如图 3-13 所示。

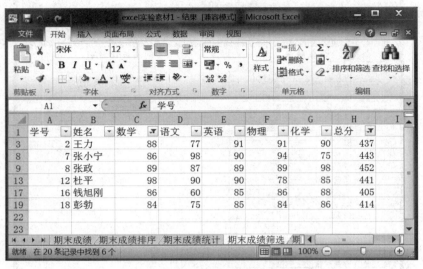

图 3-13 数据筛选结果

（6）进行数据的分类汇总

按照"宿舍号"对学生进行分类，汇总各宿舍学生的"总分""数学""语文""英语""物理"和"化学"的平均分，分类汇总结果如图 3-14 所示。

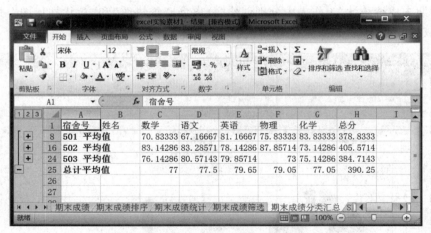

图 3-14 分类汇总结果

3. 操作步骤

（1）利用单元格的引用建立工作表

双击工作表标签 Sheet2，输入"期末成绩排序"。单击单元格 A1，输入＝，再单击工作表标签"期末成绩"，并单击该表的单元格A3，按Enter键，即可实现"期末成绩"表A3单元格在"期末成绩排序"表A1单元格中的引用。在"期末成绩排序"表中，单击单元格A1，在第1行内，用鼠标拖动填充柄至单元格H1，在单元格区域A1：H1选中状态下，用鼠标拖动单元格区域下方填充柄至21行，即可建立"期末成绩排序"表，如图3-9所示。

（2）数据排序

选中"期末成绩排序"表中的所有数据区域，在"开始"选项卡，单击"编辑"功能区的"排序和筛选"按钮，选择"自定义排序"命令，打开"排序"对话框，选择"主要关键字"为"总分"、"次要关键字"为"数学"、"第三关键字"为"语文"，选中"数据包含标题"，并全部设置为"降序"排列，单击"确定"按钮，即可完成期末成绩排序，操作步骤如图3-15所示，操作结果如图3-10所示。

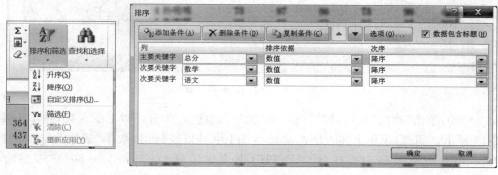

图3-15　排序过程

（3）数据转换和统计

在"期末成绩统计"工作表中，单击D3单元格，单击"插入函数"按钮 f_x。在"插入函数"对话框中选择IF函数[①]，单击"确定"按钮。在"函数参数"对话框中，设置Logical_test值为C3≥＝90、Value_if_true值为"优"，在Value_if_false中嵌套IF函数，具体操作是单击名称框（此时显示的是IF函数名），进入新的"函数参数"对话框。同样，设置Logical_test值为C3≥＝80、Value_if_true值为"良"，在Value_if_false中继续嵌套IF函数，以此类推，直至在"函数参数"对话框中，设置Logical_test值为C3≥＝60、Value_if_true值为"及格"、Value_if_false值为"不及格"，单击"确定"按钮，即可完成C3单元格中语文成绩的数据转换，拖动D3单元格的填充柄可完成全部数据的转换，操作步骤如图3-16所示。

单击H3单元格和"插入函数"按钮 f_x，在"插入函数"对话框中选择COUNTIF函数[②]，单击"确定"按钮。在"函数参数"对话框中，单击Range数值框，再单击"期末成绩"工作表，用鼠标拖动C4：C23单元格区域，再单击"函数参数"对话框中的Criteria数值框，

[①]　IF函数表达式为IF(logical_test,value_if_true,value_if_false)，Logical_test表示计算结果为TRUE或FALSE的任意值或表达式。

[②]　COUNTIF函数的表达式为COUNTIF(range,criteria)，Range为需要计算其中满足条件的单元格数目的单元格区域，Criteria为确定哪些单元格将被计算在内的条件。

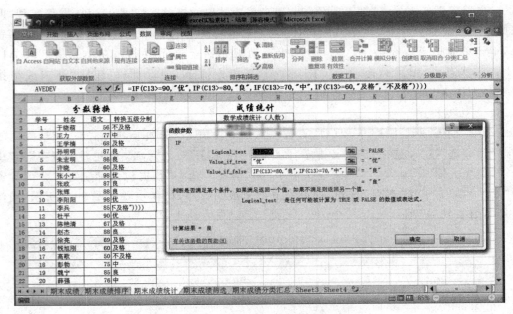

图 3-16　嵌套 IF 函数过程

输入≥90,单击"确定"按钮,即可统计出"数学"成绩为 90 分及以上的人数,操作步骤如图 3-17 所示。同理,采用上述方法在单元格 H4 中可以统计出"数学"成绩为 80 分及以上人数,再双击单元格 H4,在"COUNTIF(期末成绩!C4:C23," >= 80")"末端输入 -H3,如表 3-2 所示,按 Enter 键,即可求出 80~89 分的人数。同样,70~79 分、60~69 分以及 60 分以下人数统计以此类推。

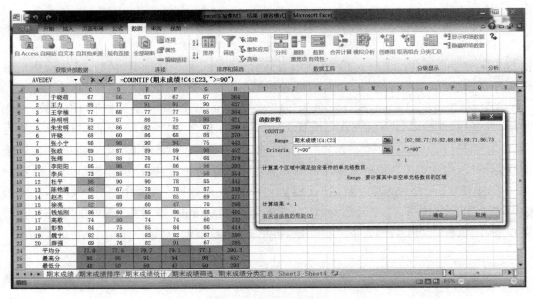

图 3-17　数学成绩统计

大学计算机实验指导(第 4 版)

表 3-2 　数学成绩统计公式表

统计内容	单元格名称	公　　式
90 分及以上	H3	=COUNTIF(期末成绩!C4:C23,">=90")
80~89 分	H4	=COUNTIF(期末成绩!C4:C23,">=80")-H3
70~79 分	H5	=COUNTIF(期末成绩!C4:C23,">=70")-H4-H3
60~69 分	H6	=COUNTIF(期末成绩!C4:C23,">=60")-H5-H4-H3
60 分以下	H7	=COUNTIF(期末成绩!C4:C23,"<60")

（4）创建 Excel 图表

在"期末成绩统计"工作表中,选中 G3:H7 单元格区域,单击"插入"菜单"图表"功能区中"饼图"功能项,选择"分离型三维饼图",操作步骤和结果如图 3-18 所示。

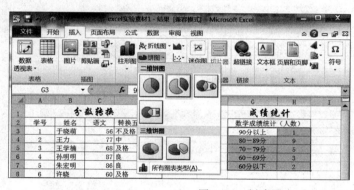

图 3-18 　创建图表

单击图表区域,可以看到菜单栏增加了"设计""布局""格式"三个菜单选项,通过各菜单选项提供的功能项可以设置图表的标题、数据源、格式、坐标轴、数据标签等。创建"簇状柱形图"方法与此相同,在此不再赘述。

（5）数据筛选

在"期末成绩筛选"工作表中,光标置于 A1:H21 单元格区域内,单击"数据"菜单"排序和筛选"功能区中的"筛选"命令,再单击"总分"下拉按钮,选择"数字筛选"进入"自定义自动筛选方式"对话框。设置"总分"大于 400,单击"确定"按钮。同样设置"数学"大于80,单击"确定"按钮,即可筛选出"总分"大于 400 并且"数学"大于 80 的学生,操作步骤如图 3-19 所示。

在"期末成绩筛选"工作表中,在任意相邻空白单元格(如单元格 I8 和 J8)中分别输入"总分"和"数学",在"总分"和"数学"下方单元格①内(I9 和 J9)分别输入">400"和">80"。选中 A1:H21 单元格区域,选择"数据"菜单"排序和筛选"功能区中"高级"筛选命令,进入"高级筛选"对话框,如图 3-20 所示。在"列表区域"框中,用鼠标拖动单元格区域

---

① 在条件区域,同一行中的条件为"与",即满足条件 A 且满足条件 B;不在同一行中的条件为"或",即满足条件 A 或条件 B。

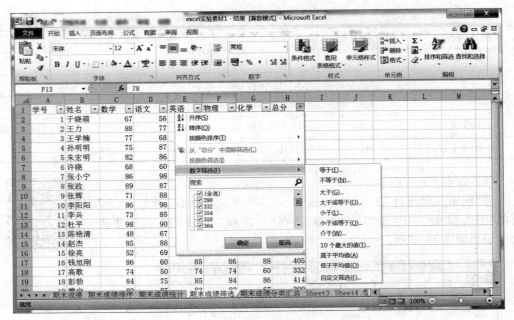

图 3-19 自动筛选过程

图 3-20 高级筛选

A1：H21，在"条件区域"框中，用鼠标拖动条件单元格区域 I8：J9，单击"确定"按钮，即可筛选出"总分"大于 400 并且"数学"大于 80 的学生，筛选结果如图 3-13 所示。

（6）数据的分类汇总

在"期末成绩分类汇总"表中，选中 A1：H21 单元格区域，选择"数据"菜单"排序和筛选"功能区中"升序"排序命令，再选择"分级显示"功能区的"分类汇总"命令，进入"分类汇总"对话框。设置"分类字段"为"宿舍号"、"汇总方式"为"平均值"、"选定汇总项"为"数学、语文、英语、物理、化学、总分"，如图 3-21 所示，单击"确定"按钮完成。操作结果如图 3-14 所示。

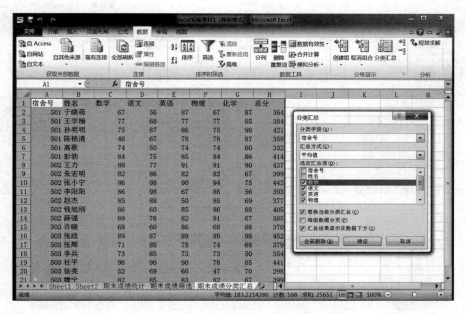

图 3-21　分类汇总

实 验 3-3　应 用 实 例

1. 实验目的

① 掌握平均学分绩点（GPA）的计算方法。
② 掌握实验数据统计分析方法。
③ 掌握方程的求解方法。
④ 掌握函数曲线的绘制方法。

2. 实验内容及操作要求

（1）利用成绩表计算 GPA

在"Excel 实验素材 2"工作簿"计算机专业学生成绩"表中，根据"成绩"确定"绩点"并计算"学分绩点乘积"。在"GPA 汇总"表中，汇总每个学生的"学分"和"学分绩点乘积"，并计算 GPA 值，GPA 的计算方法如下：

$$平均学分绩点(GPA)=\frac{\sum_{k}(课程绩点\times课程学分)}{\sum_{k}课程学分}$$

绩点与成绩的换算如表 3-3 所示，成绩示例和计算结果如图 3-22 和图 3-23 所示，其中 2008 级与 2015 级学生成绩以不同的形式给出。

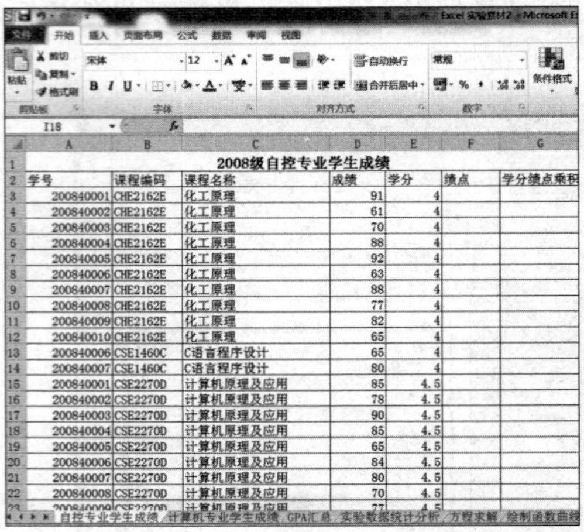

2008级自控专业学生成绩						
学号	课程编码	课程名称	成绩	学分	绩点	学分绩点乘积
200840001	CHE2162E	化工原理	91	4		
200840002	CHE2162E	化工原理	61	4		
200840003	CHE2162E	化工原理	70	4		
200840004	CHE2162E	化工原理	88	4		
200840005	CHE2162E	化工原理	92	4		
200840006	CHE2162E	化工原理	63	4		
200840007	CHE2162E	化工原理	88	4		
200840008	CHE2162E	化工原理	77	4		
200840009	CHE2162E	化工原理	82	4		
200840010	CHE2162E	化工原理	65	4		
200840006	CSE1460C	C语言程序设计	65	4		
200840007	CSE1460C	C语言程序设计	80	4		
200840001	CSE2270D	计算机原理及应用	85	4.5		
200840002	CSE2270D	计算机原理及应用	78	4.5		
200840003	CSE2270D	计算机原理及应用	90	4.5		
200840004	CSE2270D	计算机原理及应用	85	4.5		
200840005	CSE2270D	计算机原理及应用	65	4.5		
200840006	CSE2270D	计算机原理及应用	84	4.5		
200840007	CSE2270D	计算机原理及应用	80	4.5		
200840008	CSE2270D	计算机原理及应用	70	4.5		

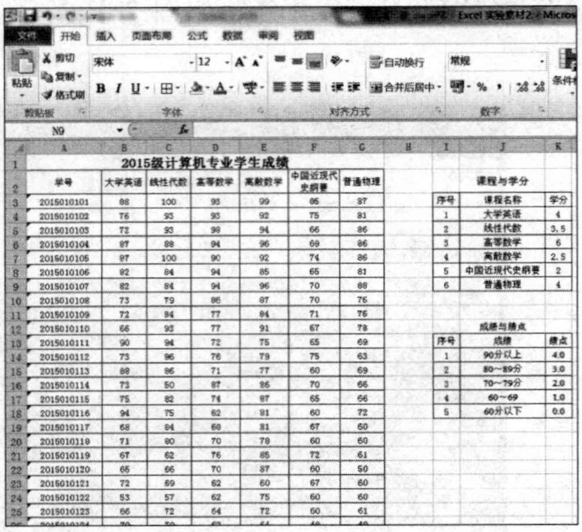

2015级计算机专业学生成绩						
学号	大学英语	线性代数	高等数学	离散数学	中国近现代史纲要	普通物理
2015010101	88	100	93	99	86	87
2015010102	76	93	93	92	75	81
2015010103	72	93	98	94	66	86
2015010104	87	88	94	96	69	86
2015010105	87	100	90	92	74	86
2015010106	82	84	94	85	65	81
2015010107	82	84	94	96	70	88
2015010108	73	79	86	87	70	76
2015010109	72	84	77	84	71	76
2015010110	66	93	77	91	67	78
2015010111	90	94	72	75	65	69
2015010112	73	96	76	79	75	63
2015010113	88	86	71	77	60	69
2015010114	73	50	87	86	70	66
2015010115	75	82	74	87	65	66
2015010116	94	75	62	81	60	72
2015010117	68	84	68	81	67	60
2015010118	71	80	70	78	60	60
2015010119	67	62	76	85	72	61
2015010120	66	66	70	87	60	50
2015010121	72	69	62	60	67	60
2015010122	53	57	62	75	60	60
2015010123	66	72	64	72	60	61

课程与学分

序号	课程名称	学分
1	大学英语	4
2	线性代数	3.5
3	高等数学	6
4	离散数学	2.5
5	中国近现代史纲要	2
6	普通物理	4

成绩与绩点

序号	成绩	绩点
1	90分以上	4.0
2	80～89分	3.0
3	70～79分	2.0
4	60～69	1.0
5	60分以下	0.0

图 3-22　学生成绩表

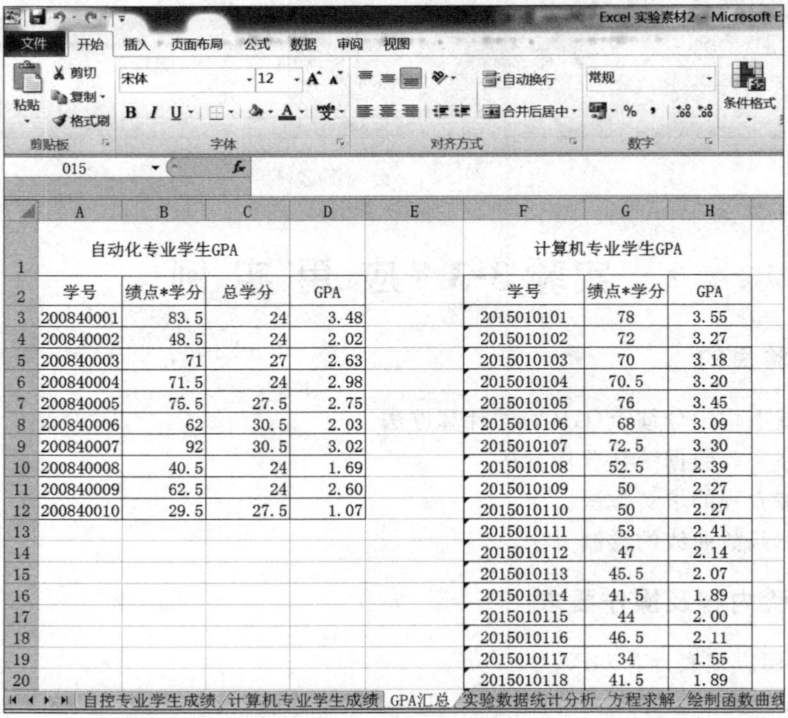

自动化专业学生GPA					计算机专业学生GPA		
学号	绩点*学分	总学分	GPA		学号	绩点*学分	GPA
200840001	83.5	24	3.48		2015010101	78	3.55
200840002	48.5	24	2.02		2015010102	72	3.27
200840003	71	27	2.63		2015010103	70	3.18
200840004	71.5	24	2.98		2015010104	70.5	3.20
200840005	75.5	27.5	2.75		2015010105	76	3.45
200840006	62	30.5	2.03		2015010106	68	3.09
200840007	92	30.5	3.02		2015010107	72.5	3.30
200840008	40.5	24	1.69		2015010108	52.5	2.39
200840009	62.5	24	2.60		2015010109	50	2.27
200840010	29.5	27.5	1.07		2015010110	50	2.27
					2015010111	53	2.41
					2015010112	47	2.14
					2015010113	45.5	2.07
					2015010114	41.5	1.89
					2015010115	44	2.00
					2015010116	46.5	2.11
					2015010117	34	1.55
					2015010118	41.5	1.89

图 3-23　GPA 汇总表

成绩	90分以上	80～89分	70～79分	60～69	60分以下
绩点	4.0	3.0	2.0	1.0	0.0

表 3-3　成绩统计公式表

（2）对实验数据统计分析

在"实验数据统计分析"工作表中，计算电感 L 值、L 平均值以及 L 的平均偏差。利用"XY 散点图"进行线性回归分析，并添加趋势线，"趋势预测"的前推和倒推都设为 0.5 个单位，计算结果和趋势线如图 3-24 所示。

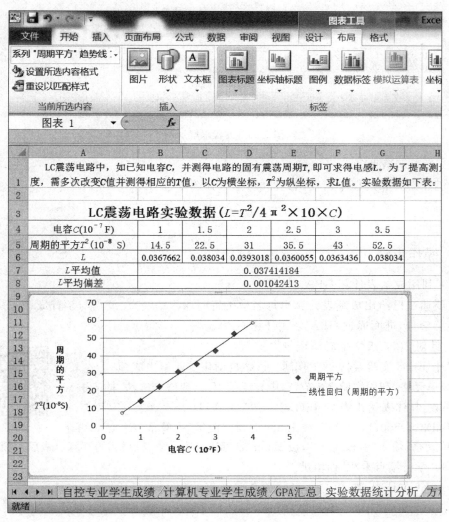

图 3-24　线性回归示例

（3）方程求解

在"方程求解"工作表中，用"单变量求解"法求出表中一元一次方程的解、一元 N 次方程的解，用"规划求解"法求出多元一次方程的解，结果如图 3-25 所示。

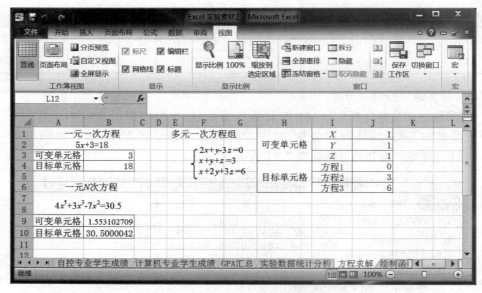

图 3-25　方程求解示例

（4）绘制函数曲线

绘制正态分布的概率密度函数曲线，结果如图 3-26 所示。

$$N(X) = \frac{1}{\sqrt{2\pi}} e^{-\frac{1}{2}x^2}$$

3. 操作步骤

（1）利用成绩表计算 GPA

需要通过已给出成绩表计算出每名学生每门课程的绩点、绩点与学分成绩，每名学生已选的总学分，进而通过 GPA 公式计算 GPA。

① 针对 2008 级学生成绩记录方式。

打开"Excel 实验素材 2"工作簿，进入"自动化专业学生成绩"工作表，单击 F3 单元格，利用实验 3-2 节（3）中介绍的 IF 函数嵌套方法，插入嵌套的 IF 函数，具体表达式为"=IF(D3>=90,4,IF(D3>=80,3,IF(D3>=70,2,IF(D3>=60,1,0))))"，按 Enter 键，将"成绩"换算成"绩点"。再单

击 G3 单元格，输入"=E3*F3"，按 Enter 键，完成"学分绩点乘积"的计算。最后用填充柄将"绩点"和"学分绩点乘积"列填满。

通过 SUMIF 函数，汇总每名同学全部课程的"总学分"及"学分与绩点乘积"。进入"GPA 汇总"表，单击 C3 单元格，单击"插入函数"按钮 f_x，在"插入函数"对话框中选择 SUMIF 函数[①]，单击"确定"按钮。在"函数参数"对话框中，选中 Range 数值框，单击"自

---

① SUMIF 函数：根据指定条件对若干单元格求和，其函数格式为 SUMIF(range,criteria,sum_range)，其中 range 为用于条件判断的单元格区域，criteria 为确定哪些单元格将被相加求和的条件，sum_range 为需要求和的实际单元格。

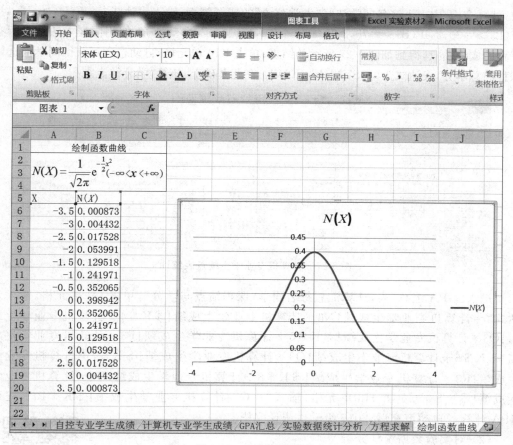

图 3-26　绘制函数曲线

控专业学生成绩"工作表,用鼠标拖动单元格区域 A3:A79。再选中 Criteria 数值框,单击
"GPA 汇总表"A3 单元格。最后,选中 Sum_range 数值框,单击"自控专业学生成绩"工
作表,用鼠标拖动 E3:E79 单元格区域,单击"确定"按钮,即可汇总出"总学分"。SUMIF
函数的表达式为"=SUMIF(自控专业学生成绩!A3:A79,A3,自控专业学生成绩!E3:
E79)",考虑到需要自动填充复制该公式,统计全体同学的信息,需要将公式中引用的单
元格区域转换为绝对引用,在编辑栏中选中函数,按 F4 功能键进行转换,转换后,表达式
为"=SUMIF(自控专业学生成绩!＄A＄3:＄G＄79,GPA 汇总!A3,自控专业学生成绩
!＄E＄3:＄E＄79)"。特别注意,"GPA 汇总表"中引用 A3 单元格不需要转换成绝对引
用。同理汇总每名同学"学分与绩点乘积",单击 B3 单元格,输入表达式为"=SUMIF(自
控专业学生成绩!＄A＄3:＄G＄79,GPA 汇总!A3,自控专业学生成绩!＄G＄3:
＄G＄79)"。再选中 D3 单元格,输入=B3/C3,即可计算出 GPA。最后
用填充柄将 GPA 列填满,计算结果如图 3-23 所示。

　　② 针对 2015 级学生成绩记录方式。

　　打开"Excel 实验素材 2"工作簿,进入"计算机专业学生成绩"工作
表,首先需要依据成绩核算学分绩点,方法同上述步骤①,在 N3 单元格

中,计算 2015010101 这名同学选修"大学英语"的成绩绩点,输入表达式"＝IF(B3≥90,4,IF(B3≥80,3,IF(B3≥70,2,IF(B3≥60,1,0))))",自动填充,使用同样方法求出所有课程的成绩绩点,得到如图 3-27 所示的结果;单击 K10 单元格,自动求和可获得同学们选修课程的总学分,表达式为"＝SUM(K4:K9)"。在此基础上,核算"学分绩点乘积"。

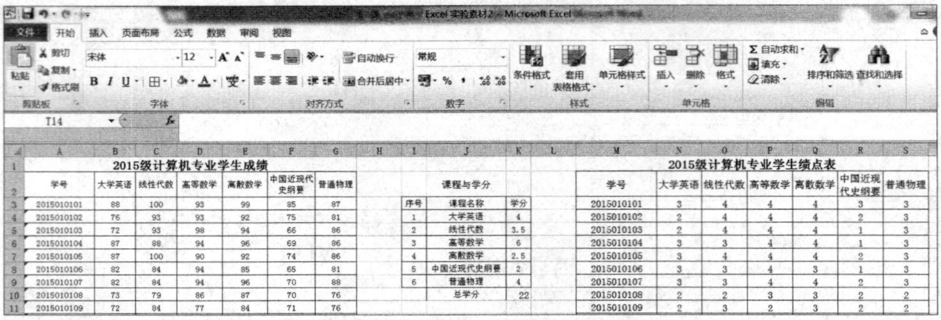

图 3-27　计算机专业学生绩点表统计

进入"GPA 汇总"表,计算汇总每名同学"课程绩点与学分",单击 G3 单元格,输入表达式"＝计算机专业学生成绩!N3 * 计算机专业学生成绩!＄K＄4＋计算机专业学生成绩!O3 * 计算机专业学生成绩!＄K＄5＋计算机专业学生成绩!P3 * 计算机专业学生成绩!＄K＄6＋计算机专业学生成绩!Q3 * 计算机专业学生成绩!＄K＄7＋计算机专业学生成绩!R3 * 计算机专业学生成绩!＄K＄8＋计算机专业学生成绩!S3 * 计算机专业学生成绩!＄K＄9",单击 H3 单元格,输入"＝G3/计算机专业学生成绩!＄K＄10",完成 GPA 计算。自动填充后,2015 级学生统计完毕。

（2）对实验数据统计分析

在"实验数据统计分析"工作表中,单击 B6 单元格,输入"＝B5/(4 * 3.14^2 * 10 * B4)",按 Enter 键,计算出第 1 个 L 值,用鼠标拖动填充柄由单元格 B6 至 G6,可计算出所有 L 值。单击单元格 B7,单击"插入函数"按钮 fx,在"插入函数"对话框中选择 AVERAGE 函数,单击"确定"按钮。在"函数参数"对话框中,设置 Number1 为"B6:G6",单击"确定"按钮,即可计算出 L 平均值。再单击单元格 B8,用上述方法,插入 AVEDEV（平均偏差）函数,设置 Number1 为"B6:G6",单击"确定"按钮,即可计算出平均偏差。

选中 A4:G5 单元格区域,单击"插入"菜单"图表"功能区中,选择"散点图"中"仅带数据标识的散点图",生成图表。单击图表区域,在"布局"菜单"分析"功能区,单击"趋势线",选择"线性趋势线",为图表添加趋势线;在图表中选中趋势线,在右键菜单中选择"设置趋势线格式",打开"设置趋势线格式"对话框,设置"趋势预测"中前推和倒推均为0.5 个单位,同时可设置趋势线名称。散点系列名称的设置,可通过在图表区域选择散点系列,在右键菜单中"选择数据源",单击编辑,在"编辑数据系列"对话框中完成。单击图表区域,可在"布局"菜单中完成图表横纵坐标"标签"的设置。格式化图表部分操作截图如图 3-28 所示,操作结果如图 3-24 所示。

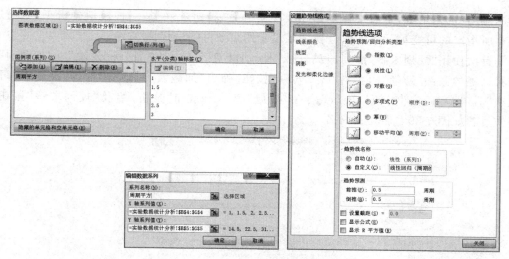

图 3-28　格式化图表-设置系列名称

（3）方程求解

应用"单变量求解"法解一元一次方程。"单变量求解"是一组命令的组成部分。如果已知单个公式的预期结果，公式中的变量可使用"单变量求解"功能求解。下面以一元一次方程 $5x+3=18$ 为例，应用"单变量求解"方法求解。

打开"方程求解"工作表，将 B3 单元格作为未知的输入值 x，称为"可变单元格"；将 B4 单元格作为公式的预期结果，即"目标单元格"；B3单元格无须输入，B4 单元格中输入方程式左端，即"＝5＊$B$3+3"，完成准备工作。选择"数据"菜单"数据工具"功能区"模拟分析"→"单变量求解"命令，打开"单变量求解"对话框。在目标单元格中设置＄B＄4（单击折叠按钮回到工作表中选择 B4 单元格即可）、目标值为 18、"可变单元格"中设置＄B＄3，单击"确定"按钮，此时，"可变单元格"中的值即是方程的解，操作步骤如图 3-29 所示。

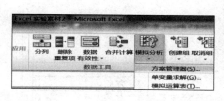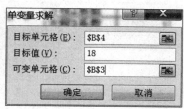

图 3-29　单变量求解

应用"单变量求解"解一元多次方程。对于一元多次方程求解，同样可使用"单变量求解"方法。例如，方程 $4x^5+3x^3-7x^2=30.5$，打开"方程求解"工作表，在 B10 单元格中输入"＝4＊B9^5+3＊B9^3－7＊B9^2"，打开"单变量求解"对话框，在"可变单元格"中设置＄B＄9、"目标单元格"中设置＄B＄10、"目标值"为 30.5，单击"确定"按钮完成计算。可变单元格值为结果。

应用"规划求解"方法求解多元一次方程组。"规划求解"是一种模拟分析工具,通过调整所指定的可变单元格的值查找满足设定约束条件的最优值。

首次使用"规划求解"需要加载"规划求解加载项",单击"文件"→"选项"→"加载项",在对话框的底部"管理"的右侧单击"转到"按钮,弹出"加载宏"对话框,勾选"规划求解加载项"后单击"确定"按钮。Excel 会在"数据"菜单中添加"分析"组及"规划求解"按钮。操作过程如图 3-30 所示。

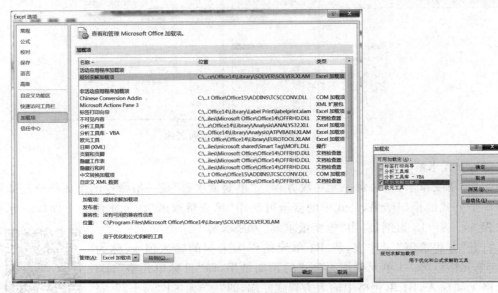

图 3-30　加载规划求解过程

打开"方程求解"工作表,在 H1:I6 单元格区域,输入如图 3-31 所示的数据,进行数据准备。

工作簿视图		显示		显示比例	

	J4			f_x	=2*\$J\$1+\$J\$2-3*\$J\$3

	C	D	E	F	G	H	I	J
1				多元一次方程组		可变单元格	X	
2							Y	
3				$2x+y-3z=0$			Z	
4				$x+y+z=3$		目标单元格	方程1	0
5				$x+2y+3z=6$			方程2	0
6							方程3	0
7								

图 3-31　多元一次方程组

由于本方程组有 3 个未知数,即 X、Y 和 Z,将 J1、J2 和 J3 三单元格作为可变单元格,分别代表 X、Y 和 Z 三个变量,初始为空。J4、J5 和 J6 为活动单元格,分别代表方程组中各方式等号左边,即 J4 输入"=2 * \$J\$1+\$J\$2-3 * \$J\$3",J5 输入"= \$J\$1+\$J\$2+\$J\$3",J6 输入"= \$J\$1+2 * \$J\$2+3 * \$J\$3"。

选择"规划求解"命令,打开"规划求解参数"对话框,如图 3-32 所示。在设置目标单元格中输入"$J$4"、目标值 0、"可变单元格"为"$J$1:$J$3"。单击"添加"按钮,进入"添加约束"对话框,如图 3-33 所示。在单元格引用位置输入$J$5,单击下拉按钮输入＝,输入"约束值"为 3,同样方法输入第 3 个方程式,在单元格引用位置输入$J$6,单击下拉按钮输入＝,输入"约束值"为 6,单击"确定"按钮,最后单击"求解"按钮,保存规划求解结果。此时在可变单元格中的数据即为方程组的解,求解结果如图 3-25 所示。

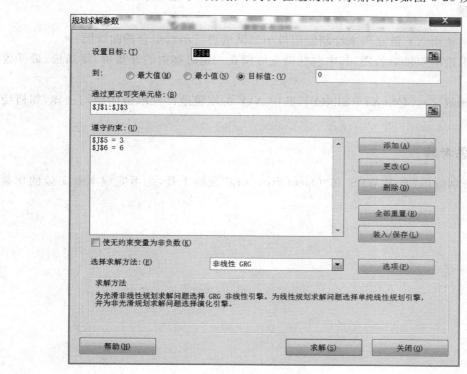

图 3-32　规划求解

图 3-33　规划求解添加约束

（4）绘制函数曲线

前面介绍了 Excel 图表功能的使用。对于复杂函数图表的绘制的关键依然在自变量与函数值的计算。首先需要给出一组自变量的值,再依据函数计算相应结果,然后将各组对应值以图表的方式表示即可。方法为:在"绘制函数曲线"工作表中,向单元格 A6 和 A7 中分别输入－3.5

和-3,用自动填充功能构造一组等差数列作为自变量 X 的值(选中单元格 A6 和 A7,用鼠标拖动填充柄至单元格 A20);选中单元格 B6,输入"=1/(2 * PI())^0.5 * EXP(-0.5 * A6^2)",自动填充至单元格 B20,即可计算出相应的函数值 $N(X)$ 值。选中 A5:B20 单元格区域,单击"图表向导"按钮![],进入图表向导对话框。选择"散点图"中的"无数据点平滑线散点图"完成操作,结果如图 3-26 所示。

思考题

1. 如何使用 XY 散点图来绘制使用最小二乘法进行函数拟合的曲线图?

2. 如何绘制双轴股价图,其中包括两支股票在一定时期内的开盘价、最高价、最低价和收盘价。

3. 有函数 $Z=COS(X)+SIN(Y)$,其中 X、Y 的取值范围及取值间距均已知,如何绘制曲面图?

扩展思考题

尝试分别应用"金山 WPS"和"OpenOffice.org"表格工具,练习完成本章实验的作业内容。

第 **4** 章

PowerPoint 演示文稿软件实验

PowerPoint 是微软公司推出的专门用于制作演示文稿的软件,使用它可以制作集文字、图形、图片、表格、音频和视频等于一体的演示文稿,在教育教学、技术讲座、商业广告、人力资源管理、日常休闲等方面得到了广泛的应用。

实验 4-1   演示文稿的基本操作

1. 实验目的

① 熟悉 Powerpoint 软件的工作界面。
② 掌握演示文稿建立的基本过程。
③ 掌握演示文稿格式化和美化的方法。

2. 实验内容

在"PowerPoint 演示文稿"文件中,创建两张幻灯片,样张如图 4-1 和图 4-2 所示。

图 4-1 幻灯片 1

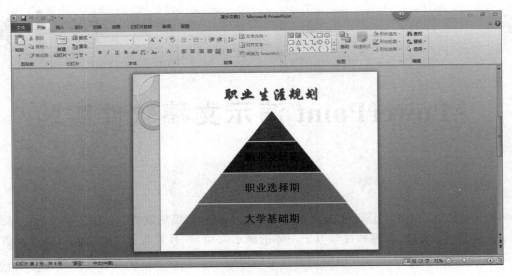

图 4-2　幻灯片 2

3．操作要求

（1）幻灯片背景设计

幻灯片 1 和 2 采用 PowerPoint 提供的应用设计模板"夏至"做背景。

（2）幻灯片 1 的内容设计

在幻灯片 1 中插入"艺术字"，内容为"职业生涯规划"。

设置艺术字字体和字号为"宋体""72 磅""加粗"。

设置艺术字样式为跟随路径中的"上弯弧"样式，发光效果选择变体发光中第 3 行第 2 列的效果。

设置艺术字文本填充效果为"彩虹出岫"。

在艺术字下方输入作者名字，设置字体格式为"宋体""24 磅""黑色"，并加直线引导。

（3）幻灯片 2 的内容设计

在幻灯片 2 中应用"标题与内容"版式。

设置标题为"职业生涯规划"，字体格式为"华文行楷""48 磅""阴影""蓝色"，文字居中。

设置内容为"棱锥图"，颜色设置为"彩色"中的第 3 种样式，轮廓形状设置为"黄色"，图中文字从下至上依次为"大学基础期""职业选择期""职业发展期"，全部文字采用"宋体""24 磅""黑色"。

4．操作步骤

（1）空白演示文稿的创建

打开 PowerPoint 应用程序，选择"文件→""新建"→"空白演示文稿"，双击空白演示文稿或者单击右侧的"创建"，完成空白演示文稿的创建,如图 4-3 所示,其默认版式为"标题幻灯片"版式。

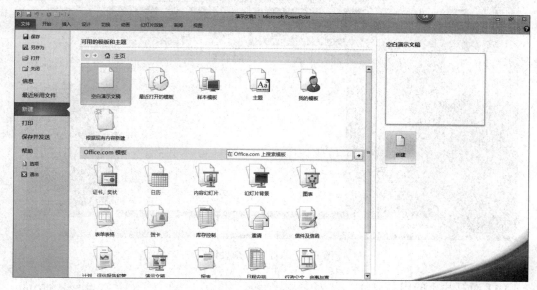

图 4-3　创建空白演示文稿

（2）幻灯片版式的设置

在"开始"菜单栏中"幻灯片"板块中的"版式"中单击空白版式,完成空白版式幻灯片的设置,如图 4-4 所示。

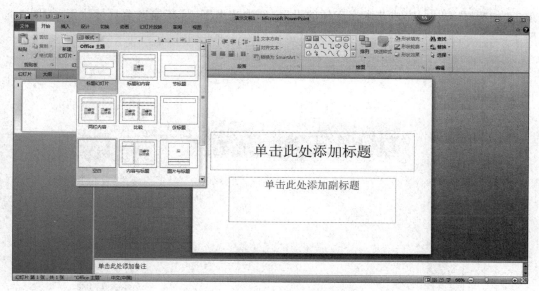

图 4-4　幻灯片版式设置

（3）幻灯片背景设计

在"设计"的主题模块中,选择"夏至"主题,右击,选择"应用于选定幻灯片",即可完成幻灯片背景设置,如图 4-5 所示。

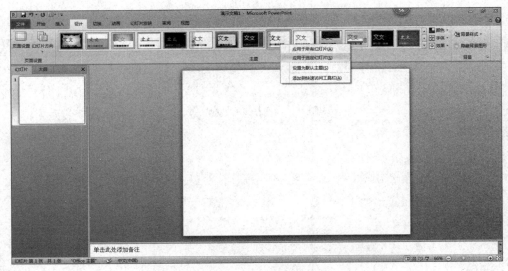

图 4-5　幻灯片背景设计

（4）幻灯片 1 的内容设计

① 艺术字格式设置。打开插入标签页，单击"插入艺术字"按钮 ，选择第 5 行第 3 列的样式，单击，进入"编辑艺术文字"对话框。在编辑栏中，输入"职业生涯规划"，选中"职业生涯规划"后松开鼠标左键，弹出"艺术字设置"对话框，选择"字体"为宋体、"字号"为 72、"颜色"为红色，单击"加粗"按钮 **B**，完成艺术字字体的设置，选中艺术字，将其拖曳至目标位置，如图 4-6 所示。

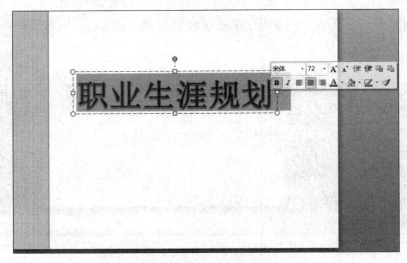

图 4-6　艺术字文本设置

② 艺术字文本效果设置。

单击艺术字"职业生涯规划"，在菜单栏出现"绘图工具"菜单栏，在"格式"标签页对艺术字的形状、样式等进行设置，在"艺术字样式"功能区中，单击"文本效果"按钮 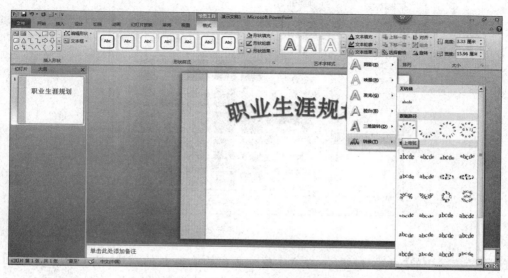，鼠标移动至"转换"功能，选择"跟随路径"中的"上弯弧"效果；鼠标移动至"发光"功能，选择"发光变体"中的第 3 行第 2 列效果，如图 4-7 所示。

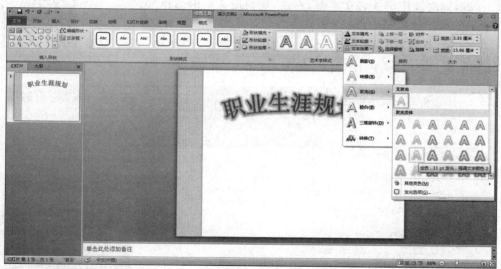

图 4-7　艺术字文本效果设置

③ 艺术字文本填充效果设置。

单击"文本填充"按钮 ，鼠标移动至"渐变"，单击"其他渐变"，弹出"设置文本效果格式"对话框，选择"渐变填充"，在预设颜色中选择"彩虹出岫"，类型选择"线性"，方向选择"线性向右"。完成艺术字填充效果的设置，如图 4-8 所示。

单击"插入"菜单栏"文字"功能区的"文本框"按钮 ，在艺术字下方空白处插入文本框，输入自己的姓名，设置字体格式为"宋体""24 磅""黑色"并加粗。单击"开始"菜单栏

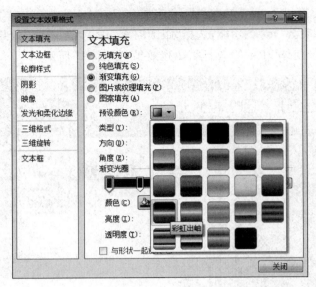

图 4-8 艺术字文本填充效果设置

"绘图"功能区中的"直线"按钮↘,在文本框前画出约 2cm 长的横线,按住 Ctrl 键,同时选中横线和文本框,右击,在快捷菜单中选择"组合"。

（5）幻灯片 2 的内容设计

在"开始"菜单栏幻灯片功能区,单击"新建幻灯片"按钮,在"版式"功能中选择"标题与内容"版式,如图 4-9 所示。

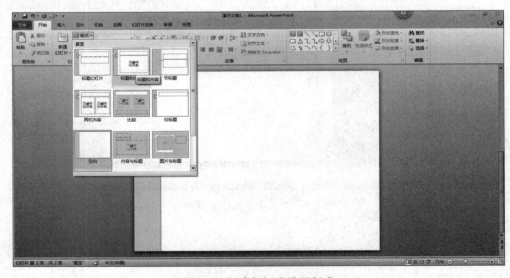

图 4-9 新建幻灯片设置版式

在"单击此处添加标题"文本框中,输入"职业生涯规划",并设置"字体"为"华文行楷"、"字号"为 48、颜色为"蓝色",单击"阴影"按钮 s 和"居中"按钮 ≡。在"单击此处添加文本"文本框中,单击"插入"菜单栏"插图"功能区的 SmartArt 按钮 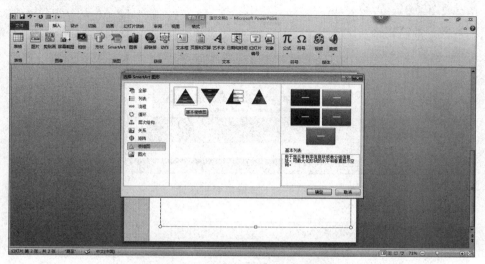（small icon），打开"选择SmartArt 图形"对话框,选择"棱锥图"中的"基本棱锥图"双击,如图 4-10 所示。选中棱锥图最下层,右击,在弹出的快捷键中选择"添加形状"功能中单击"在后面添加形状"功能,完成棱锥图的插入,如图 4-11 所示。

图 4-10   在幻灯片中插入基本棱锥图

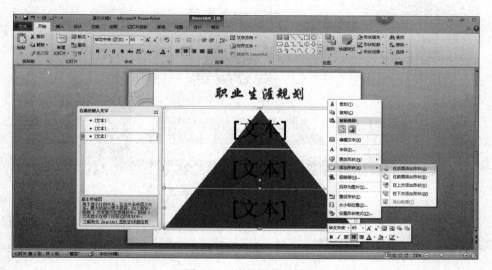

图 4-11   棱锥形状添加

　　选中插入的棱锥图,单击"SmatArt 工具"菜单中"设计"标签页 SmartArt 样式功能中的"更改颜色"按钮,在弹出的"颜色"对话框中选择彩色中的第 3 个样式,如图 4-12 所示。按住 Ctrl 键,选中棱锥图中所有的棱锥块,单击"SmatArt 工具"菜单中"格式"标签页的"形状轮廓"按钮,选择颜色"黄色",将棱锥块的边线设置为黄色,如图 4-13所示。

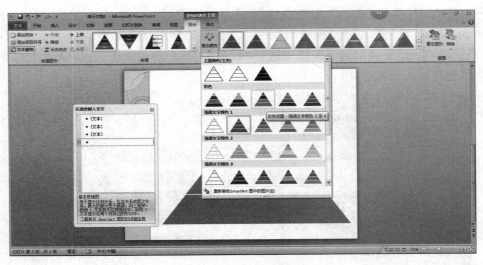

图 4-12　棱锥图颜色设置

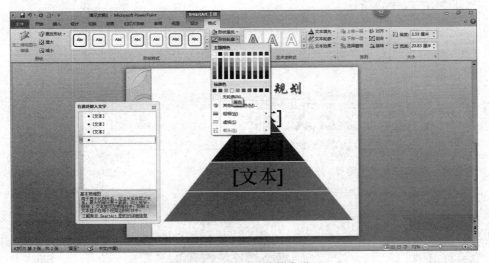

图 4-13　棱锥图形状轮廓设置

在"棱锥图"左侧的"在此处键入文字"对话框中,从下向上依次输入"大学基础期""职业选择期""职业发展期",并设置文字格式为"宋体""24 磅""黑色"。

实验 4-2　演示文稿的高级设置

1. 实验目的

① 掌握利用母版建立演示文稿的方法。

② 掌握创建动作按钮并设置超链接的方法。

③ 掌握为幻灯片添加背景音乐的方法。

2. 实验内容

利用"母版"建立第 3 至第 5 页演示文稿,样张如图 4-14～图 4-16 所示。

图 4-14　幻灯片样张 3

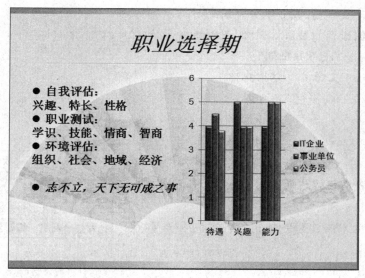

图 4-15　幻灯片样张 4

3. 操作要求

(1) 幻灯片背景及母版设计

幻灯片 3～5 采用"暗香扑面"为背景。

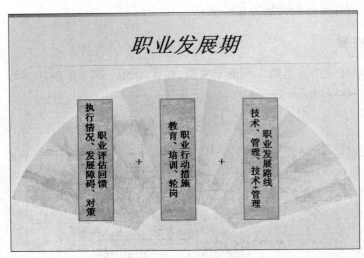

图 4-16 幻灯片样张 5

母版设计：标题区文字为宋体、44 磅字、加粗、倾斜、居中，日期区和页脚区文字为宋体、14 磅字。

（2）幻灯片 3 的内容设计

新建幻灯片，选择幻灯片版式为"两栏内容"。

设置"日期和时间"为"自动更新"、时间格式为"××××年×月×日星期几"。

输入"页脚"文字为"职业生涯规划"。

用动作按钮设置超级链接到"职业生涯规划"幻灯片（第 2 张幻灯片）。

标题文字为："大学基础期"。

文本内容为：
- 大一：适应环境
- 大二：夯实基础
- 大三：强化能力
- 大四：面向社会

快乐学习，快乐生活

内容为：表格和剪贴画（computers），其中表格如图 4-17 所示。

文字格式为宋体、24 磅、加粗，其中"快乐学习，快乐生活"要倾斜。

学年	主要科目
一年级	数学、英语、物理…
二年级	电路、数据结构…
三年级	操作系统、数据库…
四年级	网络、编译原理…

图 4-17 学年主要科目

（3）幻灯片 4 的内容设计

新建幻灯片，选择幻灯片版式为"两栏内容"。

标题文字为："职业选择期"

文本内容为：
- 自我评估：兴趣、特长、性格
- 职业测试：学识、技能、情商、智商
- 环境评估：组织、社会、地域、经济

志不立,天下无可成之事

设置文字格式为宋体、24 磅、加粗,其中"志不立,天下无可成之事"要倾斜。

图表内容如图 4-18 和图 4-19 所示。

	A	B	C	D
1		待遇	兴趣	能力
2	IT企业	4	5	4
3	事业单位	4.5	4	5
4	公务员	3.8	4	5

图 4-18　表格

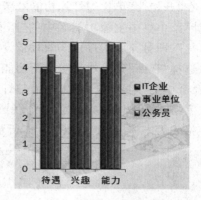

图 4-19　柱状图

(4) 幻灯片 5 的内容设计

新建幻灯片,选择幻灯片版式为"仅标题"。

标题文字为:"职业发展期"。

插入三个矩形框,设置为黄色底纹、黑色边框,输入文字如图 4-20 所示。

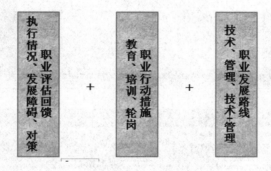

图 4-20　幻灯片 5 中的内容

矩形框中的文字格式为宋体、24 磅、加粗、竖排。

(5) 为幻灯片 2 中的文字设置超级链接

对"大学成长期""职业选择期""职业发展期"文字设置超级链接,分别链接到幻灯片 3(标题为大学基础期)、幻灯片 4(标题为职业选择期)和幻灯片 5(标题为职业发展期)。

(6) 为整个幻灯片添加背景音乐

要求背景音乐在幻灯片放映时开始播放,幻灯片放映结束时背景音乐结束。

4. 操作步骤

（1）幻灯片背景及母版设计

在"开始"菜单栏幻灯片功能区新建标题与内容版式的幻灯片，选择"设计"菜单栏中主题功能区中的"暗香扑面"并右击，选择"应用于选定幻灯片"，即可完成幻灯片 3 的背景设置，操作过程参照图 4-9 和图 4-5。

选择"视图"菜单栏母版视图功能区中的"幻灯片母版"按钮 ，"母版"命令中的"幻灯片母版"，进入幻灯片母版视图。单击标题区，设置标题文字格式为宋体、44 磅、加粗、倾斜、居中。分别单击日期区和页脚区，设置日期和页脚文字格式为宋体、14 磅，如图 4-21 所示。

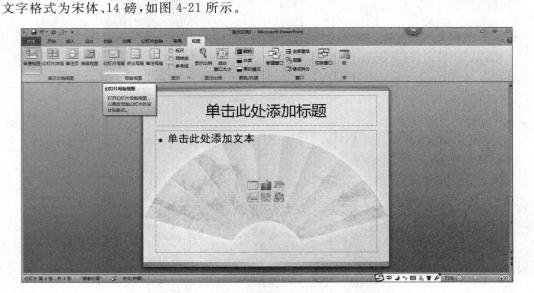

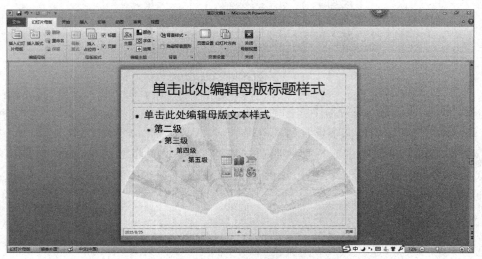

图 4-21　幻灯片母版设计

单击"插入"菜单栏文本功能区的页眉与页脚，进入"页眉和页脚"对话框。勾选"日期与时间"，设置"日期和时间"为"自动更新"、时间格式为"××××年×月××日星期×"，勾选"页脚"，在"页脚"框中输入"职业生涯规划"，单击"应用"按钮，如图 4-22 所示。最后单击幻灯片母版视图工具栏中的"关闭母版视图"按钮，完成母版格式设定，这样就完成了"标题与内容"版式的母版设计。

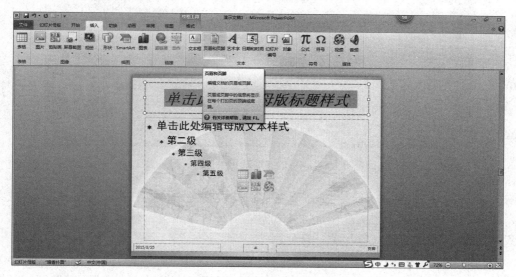

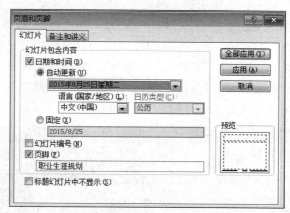

图 4-22　幻灯片页脚设置

在幻灯片 3 的空白处右击，在弹出的菜单中选择"版式"中的"两栏内容"，如图 4-23 所示，参考图 4-21 的母版设计方法完成"两栏内容"的母版设计。

（2）幻灯片 3 的内容设计

在标题文本框中输入"大学基础期"。

在左侧文本框中输入"大一：适应环境""大二：夯实基础""大三：强化能力""大四：面向社会""快乐学习，快乐生活"，并设置文字格式为宋体、24 磅、加粗。选中"快乐学习，快乐生活"，单击"倾斜"按钮 *I*。先

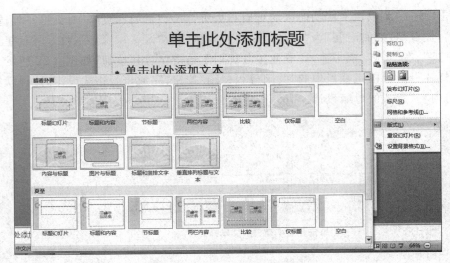

图 4-23 幻灯片"两栏内容"版式设置

单击"大一"大字左侧,在"开始"标签页"段落"功能区单击"项目符号"按钮 ≡· 的下拉菜单,选择"带填充效果的大圆形项目符号",完成项目符号设置。使用同样方法,在"大二""大三""大四"等文字前面添加项目符号。

在右侧的文本框中,单击"插入"菜单栏"表格"功能区的"表格"按钮 ⊞,插入大小为2列5行的表格,输入如图 4-17 所示的表格内容,并设置文字格式为宋体、24 号、加粗,调整表格列的宽度。单击表格任意位置,先在"表格工具"菜单栏的"设计"选项卡中的"表格样式"功能区中选择"淡"主题中的"浅色样式 1-强调 1",对表格样式进行设置,如图 4-24 所示。然后再单击"边框"下拉菜单,选择"所有框线",对表格框线进行设置。最后,单击"绘图边框"功能区的"笔画粗细"下拉菜单,单击"2.25 磅",鼠标变为笔形,单击表格所有外框线,表格的外框线将设置为 2.25 磅。

图 4-24 表格的插入和表格样式设置

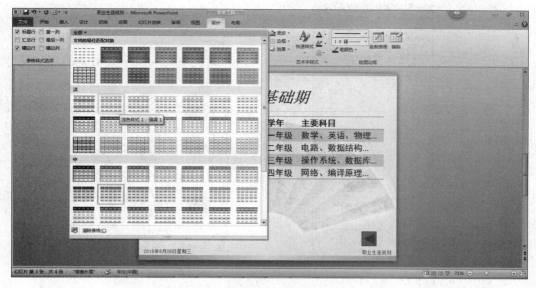

图 4-24 （续）

单击"插入"菜单栏"图像"功能区的"剪贴画"按钮或者单击右侧
内容栏里的"剪贴画"按钮，进入"剪贴画"对话框。在"搜索文字"栏
中输入 computer，单击"搜索"按钮，选择需要的图片，按住鼠标左键拖
曳至目标位置松开鼠标，完成剪贴画的插入，如图 4-25 所示。

单击"插入"菜单栏"插图"功能区的"形状"按钮，选择"动作按
钮"中的"后退或前一项"并单击，此时鼠标光标变成十字，在页脚最右侧单击，画出"动作
按钮"。在"动作设置"对话框中，选择超级链接到"幻灯片…"，打开"超级链接幻灯片"对
话框。再选择"职业生涯规划"幻灯片，确定即可，如图 4-26 所示。

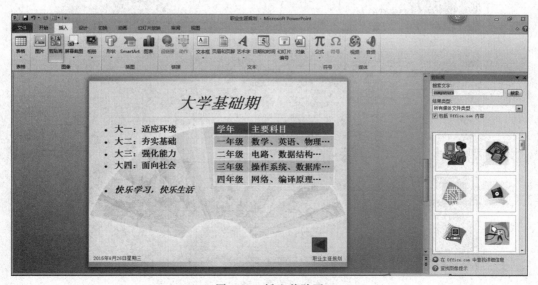

图 4-25　插入剪贴画

图 4-25 （续）

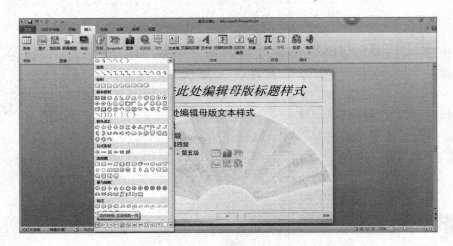

图 4-26 动作按钮的添加和动作按钮的设置

（3）幻灯片 4 的内容设计

在"开始"菜单栏"幻灯片"功能区新建"两栏内容"版式的幻灯片。

在标题文本框中输入"职业选择期"。

在左侧文本框中输入"自我评估：兴趣、特长、性格""职业测试：学识、技能、情商、智商""环境评估：组织、社会、地域、经济""志不立，天下无可成之事"，并设置文字格式为宋体、24 磅、加粗。选中"志不立，天下无可成之事"，单击"倾斜"按钮 I。参考幻灯片 3 完成项目符号设置，项目符号选择"带填充效果的大图形项目符号"。

在右侧内容框中，单击"插入图表"按钮，弹出"插入图表"对话框，选择柱形图中的簇状柱形图双击，弹出图 4-27 步骤二所示的数据表，按照图 4-18 所示修改数据表中的数据。在 Excel 表格中拖曳右下角设定数据区域的大小。

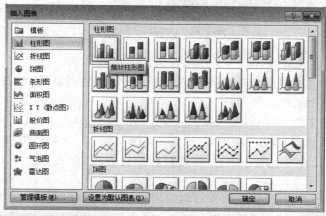

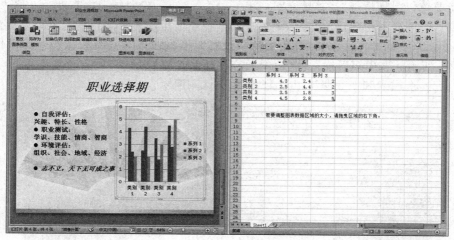

图 4-27　插入图表

单击图表工具"设计"标签页下的"切换行/列"按钮，进行柱形图行列的切换。先单击柱形图任意位置，再单击图表工具"设计"标签页的"快速样式"按钮，在弹出的样式中选择"样式 30"，对图表样式进行设置，如图 4-28 所示。

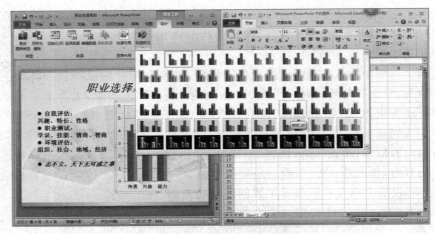

图 4-28　图表样式设置

（4）幻灯片 5 的内容设计

在"开始"菜单栏"幻灯片"功能区新建"仅标题"版式的幻灯片,参照幻灯片母版设计部分完成"仅标题"版式的母版设计。

在标题文本框中输入"职业发展期"。

单击"插入"菜单栏"插图"功能区的"形状"按钮，单击矩形类中的矩形,此时鼠标变为十字形,在幻灯片的目标位置单击,画出矩形框。选中矩形框,右击,在弹出的快捷菜单中单击"设置形状格式",弹出"设置形状格式"对话框。单击"填充",在右侧的填充选项中单击"图片与纹理填充",单击"纹理"下拉菜单,选择"信纸"纹理填充矩形框。单击"大小",设置矩形框高度为 9 厘米,宽度为 2.5 厘米,同样方法单击"位置",设置矩形框距左上角水平距离和垂直距离分别为 5 厘米和 6.5 厘米。同样方法单击"线条颜色",设置矩形框线条为实线条橄榄色。操作步骤如图 4-29 所示。选中矩形框,复制两个同样的矩形框,位置分别设置为距左上角水平和垂直距离为 12 厘米和 6.5 厘米以及 19 厘米和 6.5 厘米。

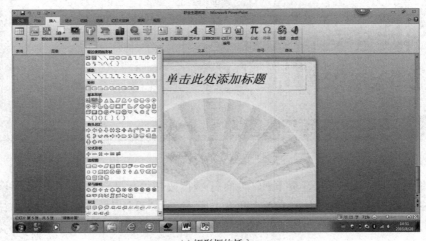

(a) 矩形框的插入

图 4-29　矩形框的插入及设置

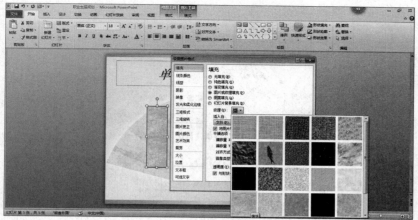

(b) 矩形框填充设置

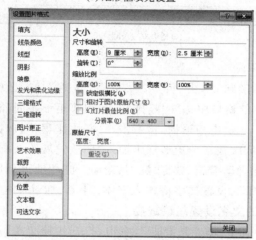

(c) 矩形框大小设置

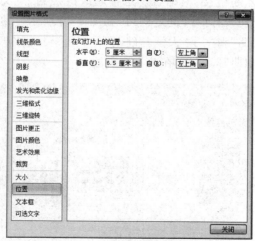

(d) 矩形框位置设置

图 4-29 （续）

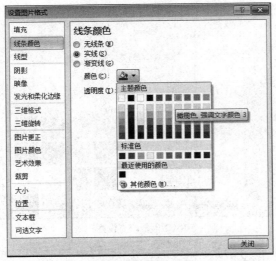

(e) 矩形框线条颜色设置

图 4-29 （续）

　　同时选中三个矩形形状,单击"开始"菜单栏"段落"功能区的"文字方向"按钮。在弹出的窗口中选择"竖排"。在相邻矩形之间插入文本框,在文本框中输入＋。单击矩形框,再右击,打开快捷菜单,选择"编辑文字"命令,从右至左依次在三个矩形框中输入"职业发展路线,技术、管理、技术＋管理""职业行动措施,教育、配训、轮岗"和"职业评估回馈,执行情况、发展障碍、对策",设置文字格式为宋体、24 磅、加粗,颜色为黑色。

（5）为幻灯片 2 中的文字设置超级链接

　　单击幻灯片 2,选中文字"职业选择期",右击,打开快捷菜单。选择"超链接"命令,进入"插入超链接"对话框。选择超级链接到"本文档中的位置",选择"职业选择期"幻灯片,确定即可,如图 4-30 所示。使用同样方法把文字"职业发展期"和文字"大学基础期"分别超链接到"职业发展期"幻灯片和"大学基础期"幻灯片,在此不再赘述。

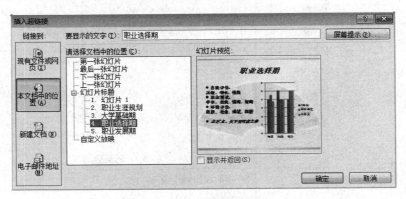

图 4-30　文字添加超链接

（6）为幻灯片添加背景音乐

选中第一张幻灯片，单击"插入"菜单栏"媒体"功能区的"音频"按钮，选择"文件中的音频"，然后选择路径，找到要插入的音频文件并选中，单击"插入"按钮，如图 4-31 所示。音频文件插入后，幻灯片上多了一个喇叭图标，参照设置矩形框位置的方法，设置喇叭的位置为距离左上角水平距离 22cm，垂直距离 1cm。

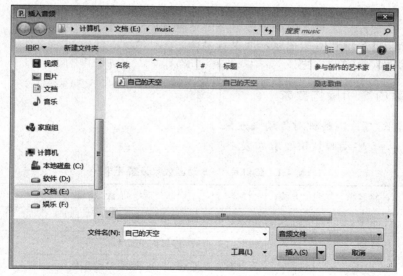

图 4-31　插入音频文件

单击喇叭图标，菜单中出现"音频工具"菜单，在"播放"标签页音频选项设置中，设置开始选项为"跨幻灯片播放"，勾选"循环播放，直到停止"和"放映时隐藏"，以免影响美观，操作如图 4-32 所示。选中插入的音频（喇叭图标），然后单击"动画"菜单栏，在"计时"功能区中设置为"与上一动画同时"开始。

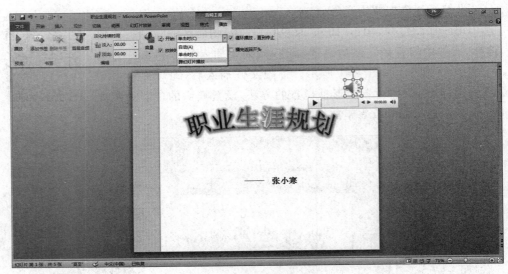

图 4-32　音频效果设置

实验 4-3　演示文稿的放映设置

1. 实验目的

① 掌握在幻灯片中各种对象动画效果的设置方法。
② 掌握幻灯片放映时切换效果的设置方法。
③ 掌握插入声音的方法。

2. 实验内容和操作要求

（1）设置幻灯片内各种对象动画效果

幻灯片 1～5 中动画效果要求如表 4-1 所示。

表 4-1　幻灯片 1～5 动画效果设置要求

幻灯片	对象名称	方式	动 画 效 果
1	艺术字	进入	飞入：单击时、自顶部、持续时间 1 秒
2	棱锥图	进入	弹跳：单击时、持续时间 2 秒
3	文字部分 表格部分	进入 进入	百叶窗：水平、单击时、持续时间 1 秒 轮子：2 轮辐图案、单击时、持续时间 2 秒 声音：照相机
4	文字部分 图表部分	强调 强调	波浪形：单击时、持续时间 1 秒 陀螺旋：单击时、持续时间 2 秒，旋转效果为 720°顺时针旋转
5	三个矩形	强调	陀螺旋：单击时、持续时间 2 秒、旋转效果为 360°顺时针旋转

（2）设置幻灯片放映时切换效果

幻灯片 1 和 2 的切换效果为：涟漪、风铃声、单击鼠标时、持续时间 2 秒。

幻灯片 3～5 的切换效果为：菱形形状、鼓掌声、单击鼠标时、持续时间 1 秒。

3. 操作步骤

（1）设置幻灯片内各种对象动画效果

选择幻灯片 1，单击艺术字"职业生涯规划"，首先单击"动画"菜单栏"动画"功能区的"飞入"命令，然后单击"动画"功能区的"效果选项"按钮 ⬆，在弹出的"方向"对话框中选择"自顶部"方向。最后，在"动画"菜单栏"计时"功能区中将"开始"设置为"单击时"，调整"持续时间"处的时间，设置为 01：50，如图 4-33 所示。

图 4-33　动画效果设置

选择幻灯片 2，单击"棱锥图"，在"动画"菜单栏"高级动画"功能区单击"添加动画"按钮 ⭐，在弹出的"效果"对话框中单击"更多进入效果"，最后在"添加进入效果"对话框中选择华丽型中的"弹跳"效果。在"计时"功能区中将开始设置为"单击时"，持续时间设置为 02：00，操作过程如图 4-34 所示。

选择幻灯片 3，单击左侧文本框，在"动画"菜单栏"高级动画"功能区单击"添加动画"按钮 ⭐，在弹出的"效果"对话框中单击"更多进入效果"，最后在"添加进入效果"对话框中选择基本型中的"百叶窗"效果。单击右侧表格，以相同方式设置表格的动画效果为"轮子"，单击右侧"动画窗格"中"表格动画效果"右侧的下拉菜单，弹出"轮子"窗口，在"效果"标签页中辐射状设置为"2 轮辐图案"，声音设置为"照相机"，如图 4-35 所示。

选择幻灯片 4，单击左侧文本框，在"动画"菜单栏"高级动画"功能区

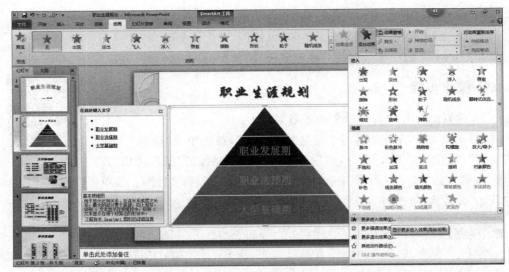

(a) 添加更多进入效果

(b) 华丽型弹跳效果设置

图 4-34　幻灯片 2 动画设置

单击"添加动画"按钮 ★，在弹出的"效果"对话框中单击"更多强调效果"，选择华丽型中的"波浪形"效果，设置持续时间为 1 秒，单击时开始。选中右侧图表，将图表的动画效果设置为"陀螺旋"，持续时间 2 秒，单击时开始，旋转效果为旋转两周，旋转方向选择顺时针。参照前面动画设置方法进行设置，此处不再图示。

　　选择幻灯片 5，按住 Ctrl 键，从左至右依次选择"矩形框"，将矩形框的动画效果设置为"陀螺旋"，单击时开始，持续时间 2 秒、完全旋转，旋转方向选择顺时针。参照前面动画设置方法进行设置。

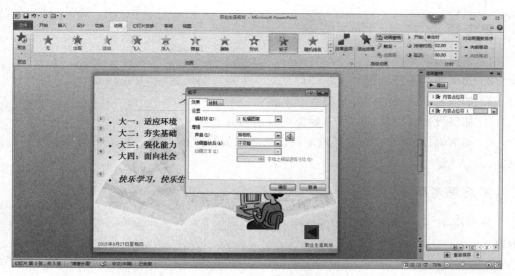

图 4-35　动画效果选项设置

（2）设置幻灯片放映时切换效果

选择幻灯片 1，单击"切换"菜单栏"切换到此幻灯片"功能区的"涟漪"切换效果，在效果选项中选择"从左下部"，在"计时"功能区，设置声音为"风铃"，持续时间为 2 秒。换片方式为"单击鼠标时"，操作如图 4-36所示。

图 4-36　幻灯片切换效果设置

将幻灯片 2 的切换效果设置成与幻灯片 1 切换效果相同。

幻灯片 3、幻灯片 4 和幻灯片 5 的切换效果设置为"形状"中的菱形、声音设置为"鼓掌"，持续时间为 1 秒，单击鼠标时切换。

思考题

1. 如何录制旁白？

2. 如何选中不连续的若干张幻灯片？

3. 如何将不需要的幻灯片隐藏起来？

4. 如何设置可以使幻灯片自始至终自动播放？

5. 如何确保 Office 2003 环境下制作的各种幻灯片在 Office 2010 环境下也能正常播放？

扩展思考题

分别应用"金山 WPS"和"OpenOffice. org"演示文稿工具，练习完成本章实验的作业内容。

第 **5** 章

计算机网络实验

实验 5-1 IE 浏览器的使用

浏览器可以帮助用户实现网络资源共享，是用户使用计算机网络不可缺少的工具之一。本实验介绍的是微软公司出品的 Internet Explorer（简称 IE）浏览器，是广泛应用在个人计算机上的一种网页浏览器软件。

1. 实验目的

① 掌握 IE 浏览器的基本操作。
② 学会保存网页上的信息。
③ 掌握 IE 浏览器主页的设置。

2. 操作步骤

双击桌面上的 IE 浏览器图标或单击"开始"→"所有程序"→"Internet Explorer"命令，打开 IE 窗口。

（1）浏览网页

① 打开首页。

在浏览器的"地址栏"中输入网络地址，访问指定的网站，如 http://www.buct.edu.cn，按 Enter 键，访问"北京化工大学"网站，如图 5-1 所示。

目前最新版本的 IE 浏览器，均采用选项卡式的网页浏览界面。这样方便用户在同一个浏览器窗口的不同选项卡之间切换不同的网页。按键盘上的 Alt 键，还可显示或隐藏浏览器的菜单栏，如图 5-2 所示。

单击浏览器右上角的齿轮图标按钮，可以弹出菜单进行浏览器设置等操作，如图 5-3 所示。

② 点击链接浏览网页。

单击网页上的超级链接，可打开不同的网页进行浏览。根据制作网页时不同的设计，单击不同的超级链接后，有的网页会在新的选项卡中打开，有的会在当前选项卡中打开。还可以利用浏览器左上角的"后退"按钮、"前进"按钮，在访问过的网页之间进行切换，如图 5-4 所示。

图 5-1 "北京化工大学"主页

图 5-2 选项卡式的浏览器窗口及菜单栏

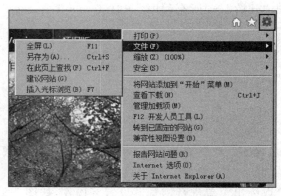

图 5-3 浏览器"工具"菜单

图 5-4 浏览器的"后退""前进"按钮

③ 在新选项卡中打开网页。

在要打开网页的超链接上右击,弹出快捷菜单,如图 5-5 所示。单击"在新选项卡中打开",将在当前窗口的一个新选项卡中打开相应的网页。

④ 在新窗口中打开网页。

在要打开网页的超链接上右击,弹出快捷菜单,如图 5-6 所示。单击"在新窗口中打开",将在一个新的浏览器窗口打开相应的网页。

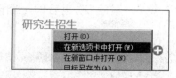

图 5-5 在新选项卡中打开网页

图 5-6 在新窗口中打开网页

（2）保存网页

① 保存当前网页。

打开"北京化工大学"网站，选择 IE 浏览器"文件"菜单下的"另存为…"命令，打开"保存网页"对话框，如图 5-7 所示。选择保存位置，例如 E:\2017014000，单击"保存"按钮。

② 保存网页中的图片

打开"北京化工大学"网站，在要保存的图片上右击，弹出快捷菜单，如图 5-8 所示。选择"图片另存为"，弹出"保存图片"对话框，选择保存位置，同时可以更改图片名称，单击"保存"按钮即可。

图 5-7 "保存网页"对话框

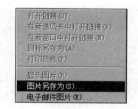

图 5-8 网页中"图片另存
为"命令

（3）设置浏览器主页

在浏览器窗口中，选择"工具"菜单下的"Internet 选项"命令，打开"Internet 选项"对话框，如图 5-9 所示。

在"常规"选项卡的"主页"编辑框中输入具体的 IP 地址或者域名地址，如 http://www.buct.edu.cn，单击"确定"按钮。按照提示，可分多行输入多个网址，这样，在浏览器中单击工具栏上的"主页"按钮，即可直接打开所有记录的主页。

在"常规"选项卡中,单击"浏览历史记录"区域的"删除"按钮,可以打开"删除浏览历史记录"对话框。在这里可以选择要删除哪些内容,单击"删除"按钮后即可删除相关历史记录,节约系统盘的使用空间,如图 5-10 所示。

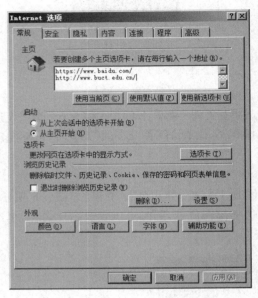

图 5-9 "Internet 选项"对话框

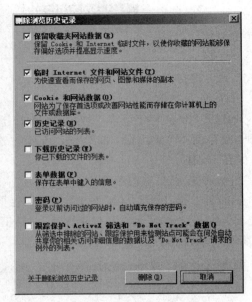

图 5-10 "删除浏览历史记录"对话框

在"常规"选项卡中,单击"浏览历史记录"部分的"设置"按钮,可以打开"网站数据设置"对话框。在这里可以设置"在历史记录中保存网页的天数",如图 5-11 所示。

更多的设置选项,请读者自行探索、操作。

(4)常用网址列表

表 5-1 中列出了部分常用网址。

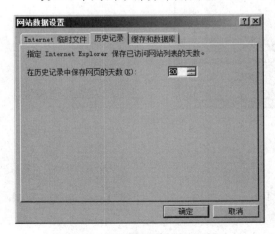

图 5-11 "网站数据设置"对话框

表 5-1 部分常用网址

百度	http://www.baidu.com
新浪	http://www.sina.com.cn
网易	http://www.163.com
清华大学	http://www.tsinghua.edu.cn
北京大学	http://www.pku.edu.cn
北京化工大学	http://www.buct.edu.cn

实验 5-2　邮箱的设置及收发电子邮件

1. 实验目的

① 通过实验，掌握电子邮箱的通用基本操作。
② 学会基本的邮件管理。
③ 掌握利用浏览器在线收发电子邮件。
④ 掌握利用浏览器在线进行网络存储。

2. 操作步骤

(1) 申请一个网易 126 免费邮电子邮箱
① 打开网易 126 电子邮箱首页。

在浏览器的地址栏中输入 http://mail.126.com，然后按 Enter 键，打开"网易 126 免费邮"页面，可以看到邮箱登录界面，如图 5-12 所示。

② 注册账号。

单击图 5-12 中的"去注册"按钮，进入注册页面，填写注册信息，如邮件地址 buct2017014000 等，如图 5-13 所示。填写正确后，单击"立即注册"按钮。注册成功后，返回登录页面即可登录，如图 5-14 所示。

图 5-12　"网易 126 免费邮"首页登录界面

图 5-13　"网易 126 免费邮"注册界面

图 5-14 进入免费申请的 126 邮箱

（2）通过浏览器在线收发电子邮件

下面以在 mail. buct. edu. cn 申请的 2017014000@stud. buct. edu. cn 电子信箱为例，介绍如何在线收发电子邮件。

① 网络连通后，在网页浏览器的地址栏中输入 mail. buct. edu. cn，然后按 Enter 键，进入北京化工大学邮件系统登录窗口，如图 5-15 所示。

图 5-15 北京化工大学邮件系统登录窗口

输入正确的邮箱地址（例如 2017014000@stud. mail. buct. edu. cn），输入密码后单击"登录"按钮，界面如图 5-16 所示。

② 单击"收件箱"，查看所有收到电子邮件的列表，如图 5-17 所示。

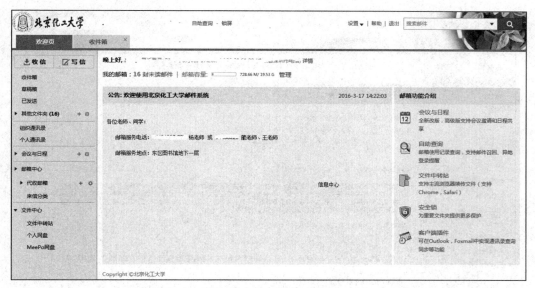

图 5-16　北京化工大学邮件系统登录后的窗口界面

图 5-17　"收件箱"窗口界面

③ 单击收件箱中某一个邮件,即可查看此邮件内容。图 5-18 所示为打开主题为"图书馆最新一期书目信息,欢迎推荐"邮件的内容。

④ 图 5-18 所示邮件有一个名为"20170426 新书目录,欢迎推荐.xls"的附件。单击"查看附件",会显示邮件底部的附件信息。鼠标移动到附件的图标上,会显示对附件的"下载"、"打开"、"在线预览"、"保存到个人网盘"四项操作。单击图标可进行相应操作,如

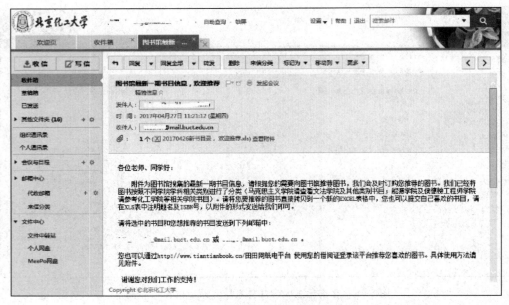

图 5-18　查看邮件的具体内容

图 5-19 所示。

　　⑤ 单击"写信"按钮，进入发送邮件界面，如图 5-20 所示。

　　邮件信息如下：

- 收件人：laoshi@mail. buct. edu. cn。
- 抄送：buct2017014000@126. com。
- 暗送：2017014000@stud. buct. edu. cn。
- 主题：提交 Word 大作业和 Excel 大作业。
- 正文：老师您好：学号：2017014000 同学提交 Word 大作业和 Excel 大作业。

图 5-19　附件操作界面

单击"立即发送"按钮发送邮件，显示发送成功界面。

　　⑥ 添加邮件附件。

　　在图 5-20 中，单击"添加附件"按钮，打开"选择文件"对话框，选择要作为邮件附件的文件，单击"打开"按钮即可返回图 5-20 所示的界面。若要添加多个附件，可以重复此操作。

　　⑦ 试操作邮件的删除、移动等操作。

　　(3) 利用电子邮箱在线保存文件

　　免费邮箱一般都提供了在线存储的功能，用户可将文件存储到电子邮箱的网络服务器上，并随时通过 Internet 获得自己所存储的文件。还可以把存储的文件通过电子邮件共享给朋友，对方只须单击收到的链接即可下载共享的文件。

　　下面仍以北京化工大学电子邮箱为例，说明电子邮箱中网络存储的使用方法。

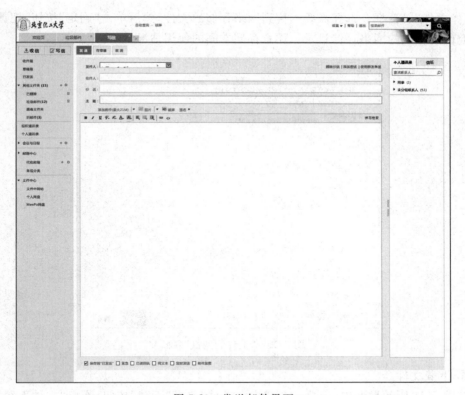

图 5-20　发送邮件界面

单击邮箱功能列表中的"个人网盘",进入"个人网盘"窗口,如图 5-21 所示。

图 5-21　"个人网盘"窗口

① 上传文件。

单击"上传"按钮,进入"上传到网盘"窗口,如图 5-22 所示。单击"选择文件"按钮,打开"选择文件"对话框。选择需要上传到网络存储的文件，然后单击"确定"按钮，把选择的文件上传到相应的网络存储目录。注意存储空间的使用情况。

图 5-22 "上传到网盘"界面

② 下载文件。

在图 5-21 所示界面中，选择一个或多个文件，单击"下载"按钮，弹出"文件下载"对话框。若选择多个文件，系统会将其自动生成一个名为"个人网盘.zip"的压缩包文件提供下载，下载后对其解压缩即可。

③ 新建目录。

个人网盘初始有一个根目录，用户可通过"新建文件夹"功能在根目录下建立文件夹，以更好地管理网络存储中的文件。

单击"新建文件夹"按钮，系统会提示输入文件夹名称，如图 5-23 所示。在文本框中输入要新建的文件夹名称，单击"确定"按钮即可。

图 5-23 输入新建文件夹的名称

④ 共享文件。

在图 5-21 所示界面中，选择网络存储目录下一个或多个文件，单击"写信"按钮，系统就会自动跳转到撰写邮件的界面，并把所选文件作为邮件的附件。

"文件中转站"的功能与操作类似，请读者自学。

实验 5-3 在 Windows 中查看及配置网络信息

1. 实验目的

① 掌握通过 Windows 图形界面查看网络配置的方法。
② 掌握通过命令行方式查看网络配置信息的方法。
③ 掌握通过 Windows 图形界面配置网络的方法。

2. 操作步骤

（1）通过 Windows 图形界面查看网络配置
① 打开控制面板，双击"网络连接"；
② 双击"本地连接"，打开图 5-24 所示界面；
③ 单击"支持"选项卡按钮，切换到图 5-25 所示界面；

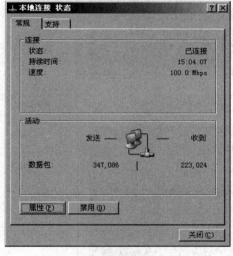

图 5-24　本地连接状态（常规）

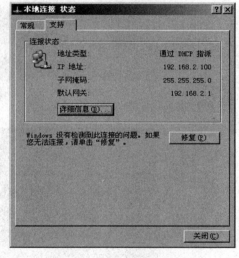

图 5-25　本地连接状态（支持）

④ 单击"详细信息"按钮，打开图 5-26 所示界面，显示网络连接详细信息。
（2）通过命令行方式查看网络配置信息
① 单击"开始"→"运行"，打开图 5-27 所示界面；
② 输入 cmd，单击"确定"按钮，或按 Enter 键，打开命令行窗口，如图 5-28 所示；
③ 在命令行中输入 ipconfig /all，按 Enter 键，显示网络连接配置信息，如图 5-29
所示。
（3）通过 Windows 图形界面配置网络
① 打开控制面板，双击"网络连接"。
② 双击"本地连接"，打开图 5-24 所示界面。

图 5-26　网络连接详细信息

图 5-27　"运行"窗口

图 5-28　命令行窗口

图 5-29　命令行方式查看网络配置信息

③ 单击"属性"按钮,打开图 5-30 所示界面。

④ 在列表中选择"Internet 协议(TCP/IP)",单击"确定"按钮,或者双击该项,打开图 5-31 所示界面。

图 5-30　"本地连接 属性"窗口

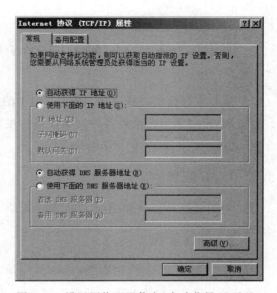

图 5-31　设置网络配置信息(自动获得 IP 地址)

⑤ 将网络配置信息设置为"自动获得 IP 地址"状态,如图 5-31 所示。单击"确定"按钮,返回图 5-30 所示界面。单击"确定"按钮,观察计算机网络状态变化现象。

⑥ 再次打开图 5-31 所示界面,将网络配置信息设置为手动设置 IP 地址状态,如图 5-32 所示。

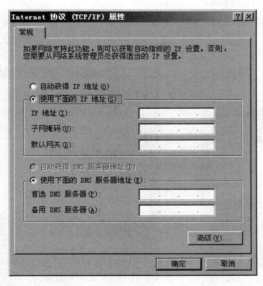

图 5-32　设置网络配置信息(手动设置 IP 地址)

⑦ 输入 IP 地址、子网掩码、默认网关、首选及备用 DNS 服务器等信息,单击"确定"按钮。返回图 5-31 所示界面,单击"确定"按钮,观察计算机网络状态变化。

实验 5-4　在 Windows 中安装 IPv6 互联网协议

随着互联网的飞速发展,IPv4 空间中的 IP 地址很快告罄。IPv6 比 IPv4 有更大的地址空间,可以满足全世界各种网络设备的接入,是互联网发展的必然趋势。本实验介绍在 Windows 中安装 IPv6 互联网协议的方法。

1. 实验目的

掌握通过 Windows 图形界面操作安装 IPv6 互联网协议的方法。

2. 操作步骤

① 打开控制面板,双击"网络连接";

② 双击"本地连接",打开图 5-24 所示界面;

③ 单击"属性"按钮,打开图 5-30 所示界面;

④ 单击"安装"按钮,打开图 5-33 所示界面;

⑤ 双击"协议",或选择"协议"后单击"添加"按钮,打开图 5-34 所示界面;

⑥ 双击"Microsoft TCP/IP 版本 6",或选择"Microsoft TCP/IP 版本 6"后单击"确定"按钮,安装 IPv6 互联网协议;

⑦ 安装结束后,可在图 5-30 所示界面中看到已经安装了 IPv6 互联网协议,如图 5-35 所示。

图 5-33　安装网络组件

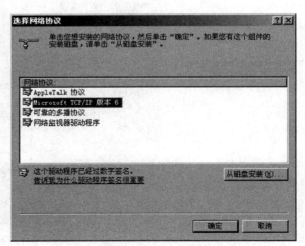

图 5-34　安装 IPv6 互联网协议

图 5-35 已安装 IPv6 互联网协议

实验 5-5 在 Linux 图形界面中配置网络信息

本实验以红旗 Linux inMini 2009 版本为例,介绍在红旗 Linux 图形界面中设置网络配置的方法。

1. 实验目的

掌握通过 Linux 图形界面操作将网络配置信息设置为自动获得 IP 地址和手工设置 IP 地址的方法。

2. 操作步骤

① 找到右下方系统托盘中网络连接状态图标(用方框框住),如图 5-36 所示。

图 5-36 系统托盘中网络连接状态图标

② 若图标为图 5-36 中所示,说明网络连接处于关闭状态,则在该图标上单击,弹出菜单,如图 5-37 所示;否则直接跳到第④步。

③ 单击"启用联网",启用网络连接,如图 5-38 所示。

④ 在图 5-38 所示菜单中单击"连接信息",可查看网络连接状态信息,如图 5-39 所示。

⑤ 在图 5-39 所示界面中,选择"有线连接 1",Edit 按钮变为可用,单击 Edit 按钮,打开"有线连接 1"的网络配置界面,单击"IPv4 设置"选项卡按钮,如图 5-40 所示。

图 5-37　弹出网络连接状态菜单　　　　　　　　图 5-38　启用联网

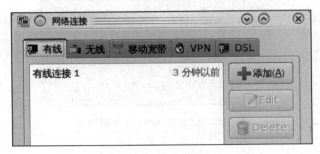

图 5-39　网络连接信息

⑥ 如图 5-40 所示,默认为"自动(DHCP)"设置。单击"方法"右边的下拉列表,选择"手动",如图 5-41 所示。

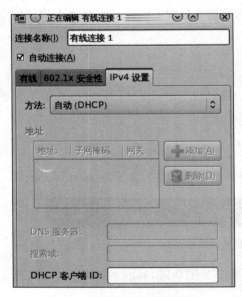

图 5-40　编辑网络连接配置

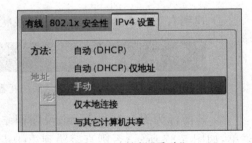

图 5-41　选择"手动"

⑦ 选择"手动"配置后,"地址"设置部分变为可用。点击"添加"按钮,输入 IP 地址、子网掩码以及网关、DNS 服务器,如图 5-42 所示。

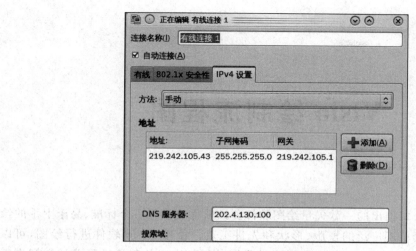

图 5-42 手动设置 IP 地址

思考题

1. 在 Windows 中，还有哪里可以启动 IE 浏览器？

2. 请读者根据自己的实际情况和实际需求，自行注册免费电子邮箱，并学习使用其中的相应功能。

3. 试从控制面板的"网络连接"中打开图 5-24 所示界面。

4. 命令行方式下，如果输入的 ipconfig 命令不带最后的参数/all，结果是怎样的？

5. 在手工设置 IP 地址时，若不设置 DNS 服务器，会有什么现象？

6. 安装 IPv6 互联网协议后，试将其卸载。

第 **6** 章

Visio 绘制流程图

Visio 是微软公司推出的一款矢量绘图软件。该软件提供了一个标准、易于上手的绘图环境，并配有整套范围广泛的模版、形状和先进工具。使用 Visio 软件进行绘图，可以快速高效地绘制出更加专业的图表，方便地对系统、资源、流程及其幕后隐藏的数据进行可视化处理、分析和交流。

实验 6-1　Visio 2010 基本使用

1. 实验目的

① 了解 Visio 软件的基本功能。
② 熟悉 Visio 绘制图形的两种方式。

2. 实验内容

熟悉 Visio 软件环境，掌握绘制图形的两种方式：使用绘图工具栏和使用模具进行绘图。

3. 操作步骤

(1) 启动 Visio 2010
启动 Visio 2010，选择并打开"基本流程图"模板
① 启动 Visio。
② 单击"文件"菜单下的"新建"，右侧出现"模板类别"页。
③ 在"模板类别"下，单击"流程图"，出现"选择模板"页。
④ 在"选择模板"页中，双击"基本流程图"，如图 6-1 所示。
(2) Visio 软件主界面
Visio 环境启动并新建基本流程图后，看到图 6-2 所示的主界面，各部分功能如该图所示。与 Office 办公系列软件类似，最顶端为软件菜单栏。菜单栏下方为每个菜单展开后的具体工具栏。工具栏下方为快速访问工具栏，可将最常用的工具自定义在此区域，以方便使用。屏幕左侧为 Visio 绘图软件提供的形状、模具区域，屏幕右侧大面积区域为绘

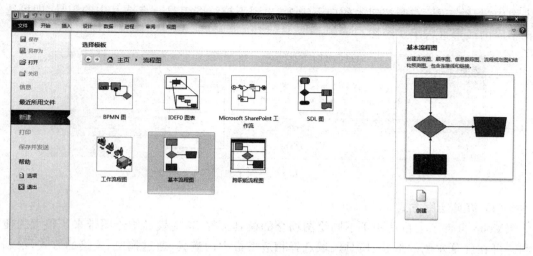

图 6-1　选择"基本流程图"模板

图区。可根据要绘制图形的不同使用"绘图"工具栏中的基本形状进行手工绘制,也可使用 Visio 软件提供的形状、模具工具进行绘制。

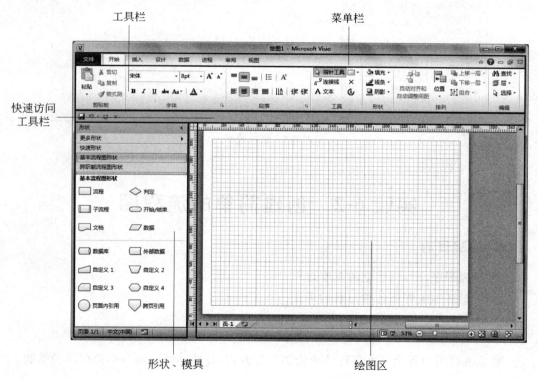

图 6-2　Visio 2010 主界面

(3)"绘图"工具栏

"绘图"工具栏在"开始"选项卡中。单击"开始"选项卡将其展开,如图 6-3 所示。单击图中"指针工具"右侧按钮中的向下箭头,出现下拉绘图工具。点选其中的工具,即可选择不同的线形进行手工绘图。

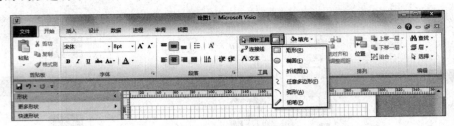

图 6-3   绘图工具

(4) 模具绘图方式

Visio 自带了大量适用于不同绘图场合的模具文件,这些模具给绘图带来了很大的便利。可在屏幕左侧的形状、模具区域选择相应模板中的模具,通过拖曳、连接的方式,绘制需要的图形,如图 6-4 所示。

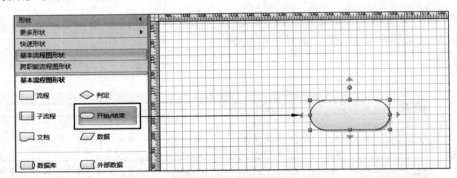

图 6-4   模板绘图

实验 6-2   创建简单的流程图

1. 实验目的

① 掌握程序流程图建立的基本过程。
② 熟悉基本流程图各种形状的用法。

2. 实验内容

熟悉流程图中各个基本部件的画法和连接方式,并能熟练完成基本流程图的绘制。

3. 操作步骤

在 Visio 工具中。模板将相关形状包括在名为"模具"的集合中。例如,随"基本流程图"模板打开的一种模具即"基本流程图形状",单击该模具,列出了该模具中包含的基本形状,如图 6-5 所示,拖动模具中的形状,并配合相应的工具即可完成流程图的绘制。

图 6-5　选择基本流程图形状

（1）拖动并连接形状

要创建图表,只需将形状从模具中拖至空白页上并将它们相互连接起来。用于连接形状的方法有多种,这里首先使用自动连接功能。

① 将"开始/结束"形状从"基本流程图形状"模具中拖至绘图页上,然后松开鼠标按钮,如图 6-6 所示。

② 将指针放在形状上,会显示蓝色箭头,如图 6-7 所示。

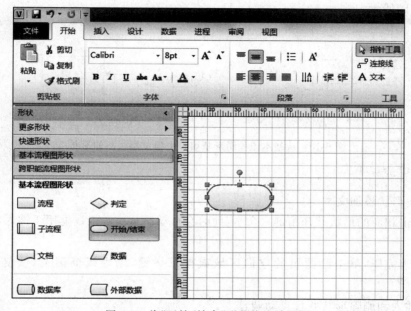

图 6-6　将"开始/结束"形状拖至绘图页

③ 将指针移到蓝色箭头上。

此时,蓝色箭头会指向第二个形状的放置位置,并会显示一个浮动工具栏,该工具栏包含当前所选模具的"快速形状"区域中的四个形状,如图 6-8 所示。

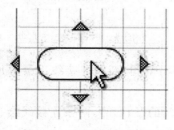

图 6-7　显示蓝色箭头

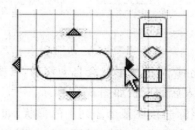

图 6-8　用蓝色箭头选择下一个形状

④ 形状的自动连接。

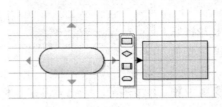

鼠标移动到其中的某个流程图形状,页面上会出现实时预览,确定是自己需要的效果后,单击来确定添加该形状,此时新增的形状会自动连接到前面的"开始/结束"形状上,如图 6-9 所示。

图 6-9　实时预览并自动连接

若要添加的形状未出现在浮动工具栏上,则可以将所需形状从"基本流程图形状"窗口拖曳过来,在已有形状上稍作停留,同样会出现四个方向上的蓝色箭头,如图 6-10(a)所示。选择要放置的蓝色箭头位置,新形状即会自动连接到第一个形状,就像在浮动工具栏上单击了它一样,如图 6-10(b)所示。

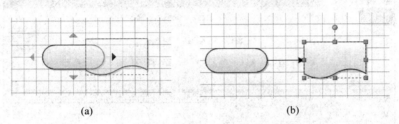

(a)　　　　　　　　　　　　　(b)

图 6-10　从基本流程图形状窗口中拖曳添加新的形状

（2）向形状添加文本

① 单击相应的形状并开始键入文本,此时会自动显示一个虚线框用于键入,如图 6-11 所示。

② 键入完毕,单击绘图页的空白区域或按 Esc 键,则虚线框消失,恢复到原始的形状。

（3）插入和删除形状并且自动调整

如果已创建了图表,但需要添加或删除形状,Visio 会进行连接和重新定位。通过把待加入的形状放置在连接线上,可以将它插入图表中,如图 6-12 所示。

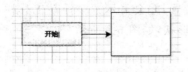

图 6-11　在形状中键入文本

图 6-12　插入一个形状

此时,周围的形状会自动移动,以便为新形状留出空间,新的连接线也会添加到序列中,插入后的形状如图 6-13 所示。

删除连接在某个序列中的形状（如图 6-13 中间的形状）时,两条连接线会自动被剩余形状之间的单一连接线取代,如图 6-14 所示。

这种情况下,形状不会移动来缩小二者之间的间距,这样的安排主要用来方便错误删除需要回退的情况。

（4）自动对齐和自动调整间距

若需要对图 6-14 中两个形状之间的间距调整为较短的距离,可以使用"自动对齐和自动调整间距"按钮。在"开始"选项卡上,单击"自动对齐和自动调整间距"命令的情形如图 6-15 所示。

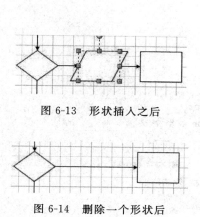

图 6-13　形状插入之后

图 6-14　删除一个形状后

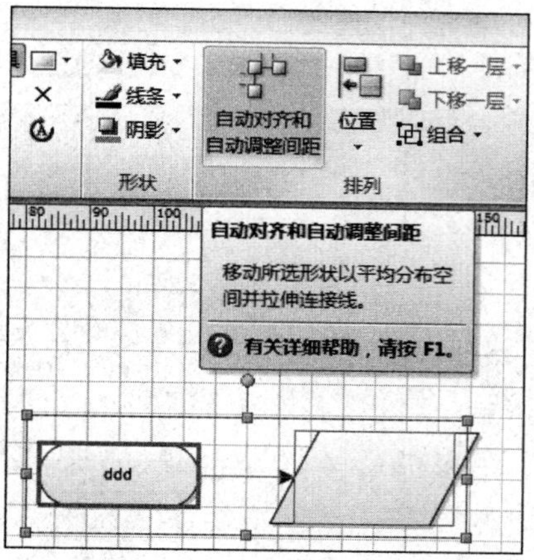

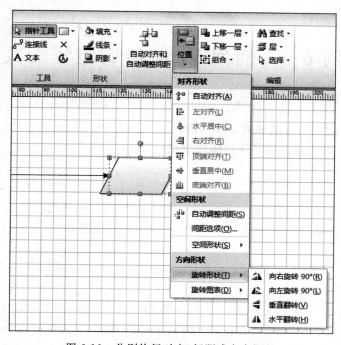

图 6-15　自动对齐和自动调整间距

若要分别执行特定的对齐、间距或方向调整,可在"开始"选项卡上单击"位置"按钮,然后单击所需的命令,如图 6-16 所示。此时,可设置指定大小的间距、旋转所选形状的方向等。

图 6-16　分别执行对齐、间距或方向调整

（5）组合

　　将需要组合在一起的所有部件选中并右击,选择"组合"菜单命令,将会把所选中的各部件组合在一起,用法与 Word 中组合用法类似,如图 6-17 所示。

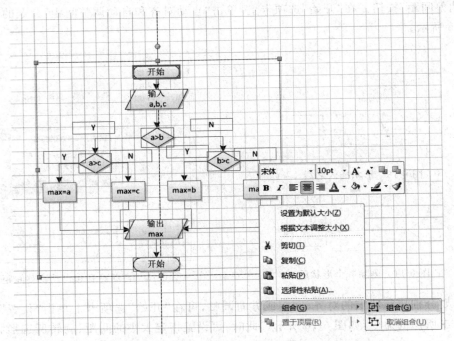

图 6-17　利用"组合"菜单将各个部件组合在一起

实验 6-3　使用 Visio 绘制流程图实例

1. 实验目的

① 进一步熟悉 Visio 软件的工作界面。
② 通过实际案例掌握程序流程图的绘制过程。

2. 实验内容

① 题目 1:输入两个数,输出其中较大的数,绘制其程序流程图。
② 题目 2:判断一个数 m 是否为素数,绘制其程序流程图。

3. 实验步骤

（1）绘制题目 1 流程图。
① 手工绘制算法流程图草稿,得出基本思路。
② 打开 Visio 2010,新建"基本流程图"空白绘图文件,并以文件名 smaller.vsd 保存。
③ 将"开始/结束"形状从"基本流程图形状"模具拖至绘图页上,并键入文字"开始"。

④ 将"数据"形状从"基本流程图形状"模具拖至绘图页上,并键入文字"输入 a,b"。

⑤ 单击"开始"形状,出现箭头,将"开始"形状与"数据"形状相连接,如图 6-18 所示。

⑥ 将"判定"形状从"基本流程图形状"模具拖至绘图页上,并键入文字"a＞b?"。

⑦ 在判定形状下方左右两个分支的位置上分别拖入"数据"形状,左侧表示 a＞b 成立,键入"输出 a",右侧表示 a＞b 不成立,键入"输出 b"。

⑧ 鼠标按住"判定"形状左侧箭头,沿虚线方向向下连接下方"数据"形状,松开鼠标,得到图 6-19 所示分支;右侧分支制作方法与之类似。

⑨ 将"结束"形状拖入两个"数据"形状正下方,键入"结束"。分别单击左侧和右侧"数据"形状下方箭头连接"结束形状",如图 6-20 所示。

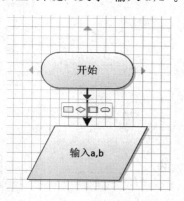

图 6-18　将"开始"形状与"数据"形状相连接

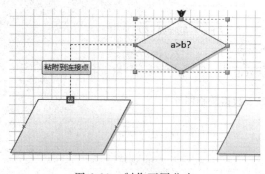

图 6-19　制作不同分支

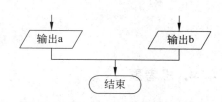

图 6-20　制作结束形状

⑩ 整个流程图如图 6-21 所示。

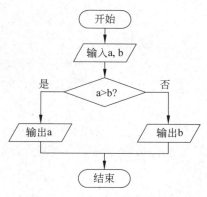

图 6-21　题目 1 数据流程图

(2) 按照上面的步骤绘制题目 2 流程图(参考样式如图 6-22 所示)。

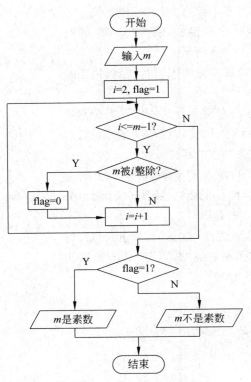

图 6-22　题目 2 数据流程图

4. 思考题

（1）请使用 Visio 绘制题目"求 $S = 1 + \dfrac{1}{2} + \dfrac{1}{3} + \cdots + \dfrac{1}{n}$"的流程图。

（2）请使用 Visio 绘制题目"找出 100 以内的自然数中既能被 5 整除又能被 7 整除的数"的流程图。

第 **7** 章

Python 编程入门

Python 是一种开放源代码、解释运行、面向对象、扩展性强和容易与其他编程语言结合在一起的程序设计语言,是培养计算机编程能力、理解计算机解决问题方法的有效工具。通过对该语言程序设计的学习,应能掌握 Python 语言的基本语法和基本编程方法,了解程序设计中的计算思维,并能上机调试运行解决简单的实际问题。

实验 7-1　Python 开发环境的准备

本实验主要是让读者熟悉在 Windows 中安装 Python 的过程,以及相应的 Python 运行环境。在此基础上,熟悉用 pip 工具管理 Python 的第三方程序包。Python 的特点之一就是有丰富的面向各种应用的第三方程序包,因此安装、卸载程序包是使用 Python 必备的技能。pip 作为管理 Python 程序包的工具,已经默认包含在 Python 的安装程序中,这也表明了 Python 官方对其的高度认可。

1. 实验目的

① 掌握在 Windows 下安装 Python 的流程。
② 熟悉 Python 自带的运行环境。
③ 熟悉用 pip 管理 Python 程序包

2. 操作步骤

(1) 安装 Python 的运行环境
① 打开 Python 官方网站。
在浏览器的地址栏中输入 http://www.python.org,打开 Python 官方网站,页面如图 7-1 所示。
② 下载 Python 安装文件。
鼠标移动到 Downloads 菜单时,会显示下载相关的子菜单,如图 7-2 所示。
单击 All releases 链接,可打开所有 Python 版本的下载列表页面,如图 7-3 所示。
需要注意的是,Python 的版本主要分为 2.x 系列和 3.x 系列。目前 3.x 系列在不断

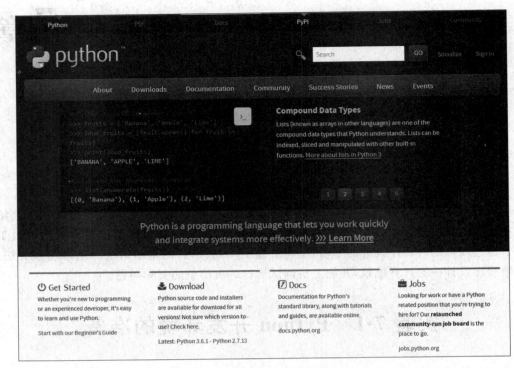

图 7-1　Python 官方网站首页

图 7-2　Downloads 子菜单

更新,2.x 系列停留在 2.7.x 版本而不会再有较大改进。3.x 系列比 2.x 系列有许多重大改进,一些语法也不兼容(但有工具可以进行代码版本升级)。此外,Python 的重要特性之一,是其有大量的各类第三方程序开发包可用,而这些开发包的更新速度参差不齐。因此在具体的 Python 版本选择上,还需根据操作系统版本、要使用的开发包所支持的版本等因素综合考虑。在此基础上,建议初学者尽量下载使用最新版本。本书以 3.5.3 版本为例。

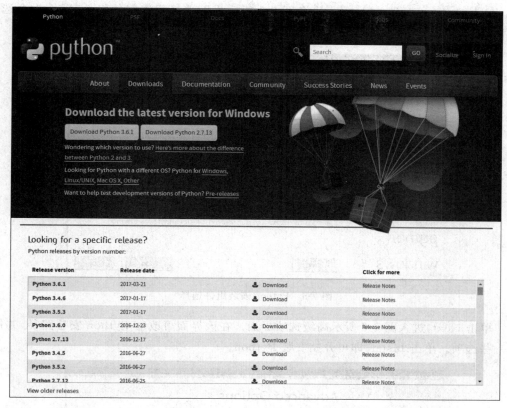

图 7-3　Python 所有版本下载列表

③ 安装 Python。

下载成功后,双击安装包,启动安装程序,如图 7-4 所示。注意选中 Add Python 3.5 to PATH 选项,这样安装后可在任意路径下启动 Python。

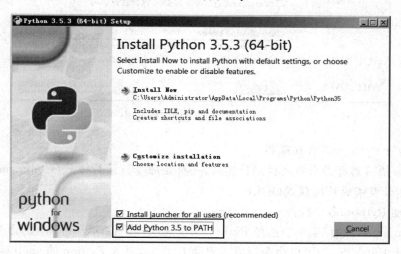

图 7-4　Python 安装界面

单击 Customize installation，可在图 7-5 所示界面选择要安装的组件，默认为全选。其中 pip 为重要的 Python 包管理程序，稍后进行简要说明。

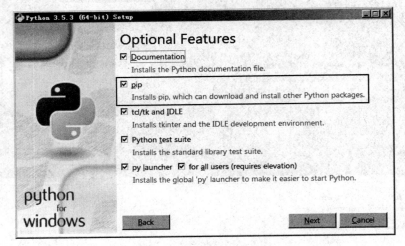

图 7-5　Python 安装组件选择

单击 Next，进入图 7-6 所示高级选项界面。在该界面可改变 Python 安装路径，并修改一些选项。单击 Install 即可开始安装 Python。

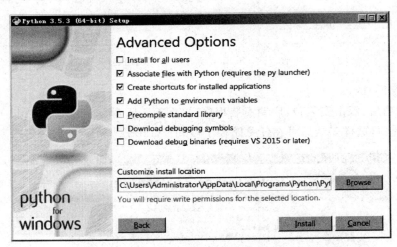

图 7-6　Python 安装高级选项

（2）运行 Python 语言解释器

Python 语言解释器自带两种运行模式，一种是命令行运行模式（Command 模式），另一种是程序开发集成环境模式（IDLE）。

① 启动 Python 命令行。

在 Windows“开始”菜单中选择 Python 3.5 选项，或者在 Windows 的命令行中输入 python 并按 Enter 键，即可以命令行方式启动 Python，进入 Python 的 shell 运行环境，如图 7-7 所示。需要退出 shell 运行环境时，输入“quit()”并按 Enter 键。

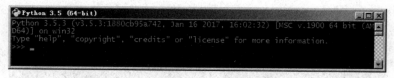

图 7-7　命令行模式启动 Python

② 启动 Python IDLE 环境。

在 Windows 开始程序的菜单中选择 IDLE 选项即可启动图 7-8 所示窗口。该窗口又称为 Python Shell 窗口，与图 7-7 所示命令行窗口的功能是相同的。

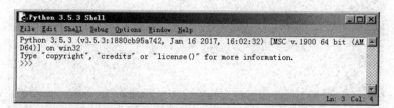

图 7-8　IDLE 模式启动 Python

在 Python Shell 窗口中选择 File→New File，将打开 Python 集成开发环境运行窗口，如图 7-9 所示。在该窗口中可以编写和运行 Python 程序，运行结果在 Python Shell 窗口中显示。

除了上述 Python 自带的程序开发环境外，还有一些第三方开发的 Python 程序集成开发环境，如 PyCharm Wing IDE、PythonWin 等。这些集成开发环境有些是免费的，有些是商业的，功能上也各有特色，读者可根据自己的需求选择。

图 7-9　Python 集成开发环境窗口

（3）熟悉用 pip 管理 Python 程序包

由于图 7-5 所示的步骤中已经默认选中了 pip，因此 pip 包管理工具已经可用。pip 包管理工具主要用于管理被收录于 PyPI 中的程序包。PyPI 是 Python Package Index 的缩写，是 Python 官方维护的一个可用于 Python 的程序包数据库，目前已收录了超过 10 万个 Python 程序包，其网址是 https://pypi.python.org/pypi。

① 查看 pip 命令。

在 Windows 的命令提示符界面中，输入 pip 并按 Enter 键，即可显示 pip 工具的语法、所有的命令和选项，以及相应的说明，如图 7-10 所示。这里只进行对程序包的安装、卸载操作，其他功能请读者自学。

② 用 pip 安装、卸载程序包。

用 pip 包管理工具安装程序包的最大好处，在于它可以自动解析程序包之间的依赖关系，并自动安装所需的程序包。例如，要安装程序包 A，但程序包 A 要依赖程序包 B 和 C，pip 会自动检查当前系统中是否已经存在程序包 B 和 C；若不存在，它会自动先下载安装程序包 B 和 C，再下载安装程序包 A。

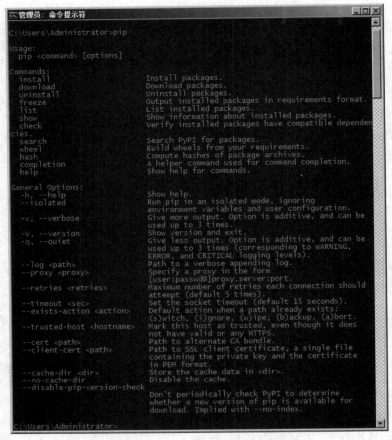

图 7-10　pip 工具的所有命令、选项及说明

　　安装程序包 numpy 的操作演示如图 7-11 所示。numpy 是一个用于 Python 的数值计算包。在 Windows 的命令提示符界面中，输入 pip install numpy 并按 Enter 键，即可安装 numpy 包。

图 7-11　用 pip 工具安装 numpy 程序包

　　在 Windows 的命令提示符界面中，输入 pip uninstall numpy 并按 Enter 键，即可卸载 numpy 包，不再赘述。

现在有许多 Python 程序包以 wheel 格式的文件提供,其扩展名为 whl。安装这样的程序包,只需将 whl 文件下载,并用 pip install 命令安装即可。网站 http://www.lfd.uci.edu/~gohlke/pythonlibs 上提供了大量用于 Windows 的 whl 格式的程序包。例如,从该网站下载了流行的数据分析工具包 pandas(文件名为 pandas-0.20.1-cp35-cp35m-win_amd64.whl)后,用 pip 安装的过程如图 7-12 所示。可以看到,pip 工具检查了系统中已经安装了 pandas 所需的 python-datautil、pytz、numpy、six 等依赖程序包。

图 7-12　用 pip 工具安装 whl 格式的程序包

实验 7-2　编写并运行 Python 程序

1. 实验目的

掌握执行 Python 程序代码的方法。

2. 操作步骤

(1) 在 Python 的 shell 运行环境中运行 Python 代码

Python 是解释型编程语言。解释型编程语言可以每输入一条语句就执行一条,而不需要对整段代码编译后才能执行。因此,shell 运行环境是快速验证、测试程序实现思路和代码的有效途径。

① 启动 Python shell 环境。

根据上一节所述,启动 Python shell 环境可以通过 Windows 的命令行窗口或启动 Python 自带的 IDLE shell 窗口。这里以前者为例。在 Windows 的命令提示符窗口输入 python 并按 Enter 键,进入 Python 的 shell 运行环境,如图 7-7 所示。

② 在 Python Shell 环境中执行代码。

在 Python Shell 环境下,输入代码"print("Hello World!")"并按 Enter 键,会立即输出字符串"Hello World!",如图 7-13 所示。

(2) 在 Python 的 IDLE 中运行 Python 代码

在 Python 的 IDLE 中,可以通过新建 Python 代码文件来执行多条语句或大段代码。

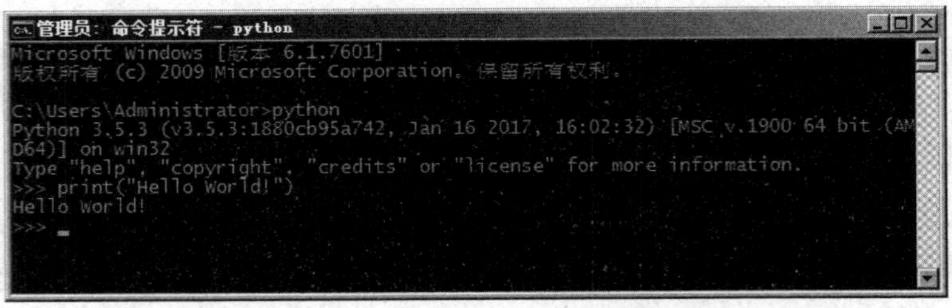

图 7-13　在 Python shell 中执行代码

① 启动 Python 的 IDLE。

按照上节所述,启动 Python IDLE,并通过其菜单 File→New File(或按快捷键 Ctrl+
N)打开新文件窗口,如图 7-9 所示。在该文件
中输入图 7-14 所示代码。

② 执行代码。

单击菜单项 Run→Run Module(或按快捷
键 F5)。由于代码文件未保存过,会提示先保
存文件。本例中,将文件存在 E 盘,文件名为
demo.py。保存后,会自动调用 Python shell
执行该代码,执行结果如图 7-15 所示。若代码
中有错,会有相应的错误提示。

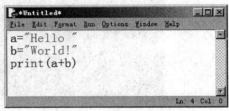

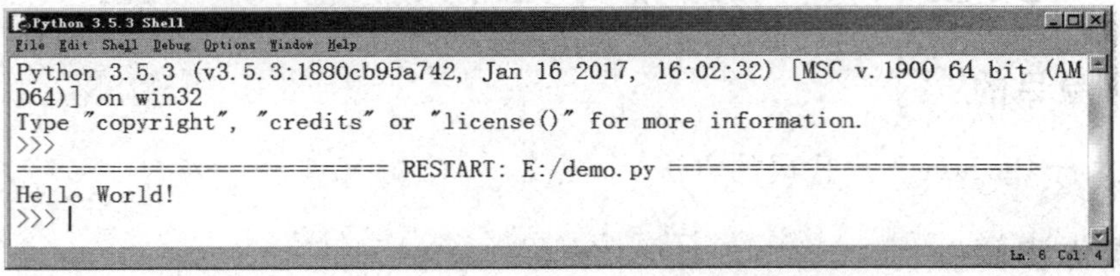

图 7-14　在 Python IDLE 的代码窗口中
输入代码

图 7-15　在 Python IDLE 的代码窗口中运行代码

(3) 直接运行编写好的 Python 代码文件

对于已经存在的 Python 代码文件,可以在图 7-14 或图 7-15 所示窗口中,通过 File→
Open 菜单项打开文件,并通过菜单项 Run→Run Module(或按快捷键 F5)运行。此外,
还可在 Windows 的命令提示符窗口通过 Python 命令运行指定 Python 代码文件。例如,
对于刚刚保存在 E 盘下的 demo.py 文件,可以通过输入 python e:/demo.py 并按 Enter
键执行,如图 7-16 所示。

图 7-16　在命令提示符下运行 Python 代码文件

实验 7-3　Python 程序示例

1. 实验目的

通过实例,熟悉、体会 Python 编程的基本语法、方法。若要深入学习和了解 Python,请进一步参考相关书籍和教程。注意,>>> 为 Python 的 Shell 环境提示符,不是要输入的代码内容。

2. 操作步骤

(1) 字符串输出及简单数值计算

通过本实验,掌握 Python 中输出字符串及进行数值计算的方法。

① 在屏幕上输出"Hello Python!"。

如图 7-17 所示,在 Python Shell 中输入代码并执行。

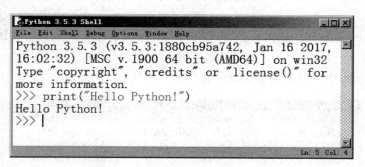

图 7-17　输出"Hello Python!"

② 简单的数值计算。

已知四门功课的 GPA(3.0、2.67、3.67、3.33),计算四门功课平均 GPA 并在屏幕上显示"平均 GPA="。如图 7-18 所示,在 Python Shell 中输入代码并执行,或者输入图 7-19 所示代码并执行。

图 7-18　计算并输出平均 GPA

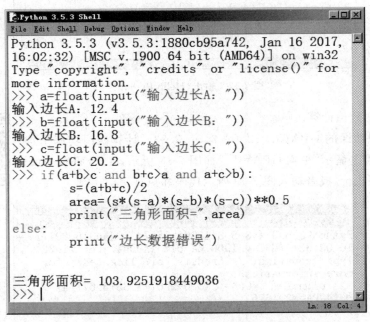

```
Python 3.5.3 Shell
File Edit Shell Debug Options Window Help
Python 3.5.3 (v3.5.3:1880cb95a742, Jan 16 2017,
16:02:32) [MSC v.1900 64 bit (AMD64)] on win32
Type "copyright", "credits" or "license()" for
more information.
>>> a,b,c,d=3.0,2.67,3.67,3.33
>>> sum=(a+b+c+d)/4
>>> print("平均GPA=",sum)
平均GPA= 3.1675
>>>
                                            Ln: 7 Col: 4
```

图 7-19　计算并输出平均 GPA 的另一种方法

（2）输入数据及逻辑判断

通过本实验，掌握 Python 中输入数据的方法，以及关系运算和逻辑运算。

从键盘输入三角形的三条边的长度，保存在变量 a、b、c 中，并求三角形的面积。注意，input()输入的数据均为字符串，计算时需要转换数据类型。

① 在 Python shell 中输入并执行代码。

在 Python shell 中输入代码并执行，求解三角形面积，如图 7-20 所示。注意，Python 中通过缩进来实现并标识出代码块。

```
Python 3.5.3 Shell
File Edit Shell Debug Options Window Help
Python 3.5.3 (v3.5.3:1880cb95a742, Jan 16 2017,
16:02:32) [MSC v.1900 64 bit (AMD64)] on win32
Type "copyright", "credits" or "license()" for
more information.
>>> a=float(input("输入边长A："))
输入边长A: 12.4
>>> b=float(input("输入边长B："))
输入边长B: 16.8
>>> c=float(input("输入边长C："))
输入边长C: 20.2
>>> if(a+b>c and b+c>a and a+c>b):
        s=(a+b+c)/2
        area=(s*(s-a)*(s-b)*(s-c))**0.5
        print("三角形面积=",area)
else:
        print("边长数据错误")

三角形面积= 103.9251918449036
>>>
                                            Ln: 18 Col: 4
```

图 7-20　在 Python shell 中输入代码求解三角形面积

② 保存成 Python 代码文件并执行。

在 IDLE 中单击 File→New File，新建代码文件。输入代码后，按 F5 执行代码。

图 7-21 所示为输入代码的界面,图 7-22 所示为执行结果。

```
triangle.py - D:/Work/教学/大基教材/第4版/实验教材/tri...
File Edit Format Run Options Window Help
a=float(input("输入边长A: "))
b=float(input("输入边长B: "))
c=float(input("输入边长C: "))
if(a+b>c and b+c>a and a+c>b):
    s=(a+b+c)/2
    area=(s*(s-a)*(s-b)*(s-c))**0.5
    print("三角形面积=",area)
else:
    print("边长数据错误")

                                        Ln: 10 Col: 0
```

图 7-21 输入边长并求解三角形面积的代码

```
Python 3.5.3 Shell
File Edit Shell Debug Options Window Help
Python 3.5.3 (v3.5.3:1880cb95a742, Jan 16 2017,
16:02:32) [MSC v.1900 64 bit (AMD64)] on win32
Type "copyright", "credits" or "license()" for
more information.
>>>
=============== RESTART: D:/Work/教学/大基教材/
第4版/实验教材/triangle.py ===============
输入边长A: 12
输入边长B: 16
输入边长C: 20.4
三角形面积= 95.91495399571434
>>>

                                        Ln: 9 Col: 4
```

图 7-22 代码执行结果

（3）循环操作

通过本实验,掌握循环语句的两种格式,以及循环处理数据的方法。
求数值 N 到数值 M 之间(含 N 和 M)的和数。

① 用 for 循环实现。

在 Python shell 中输入并执行图 7-23 所示代码,也可一次性输入并
保存成 Python 代码文件执行。

② 用 while 循环实现。

在 Python shell 中输入并执行图 7-24 所示代码,也可一次性输入并保存成 Python
代码文件执行。

（4）字符串与列表

通过本实验,了解 Python 字符串的应用,以及掌握 Python 的数据结构——列表的
使用。

```
Python 3.5.3 Shell                                    _ □ ×
File  Edit  Shell  Debug  Options  Window  Help
Python 3.5.3 (v3.5.3:1880cb95a742, Jan 16 2017,
16:02:32) [MSC v.1900 64 bit (AMD64)] on win32
Type "copyright", "credits" or "license()" for
more information.
>>> sum=0
>>> n=int(input())
3
>>> m=int(input())
100
>>> for i in range(n,m+1):
        sum=sum+i


>>> print(sum)
5047
>>>
                                              Ln: 14  Col: 4
```

图 7-23　在 Python Shell 中用 for 循环实现求和

```
Python 3.5.3 Shell                                    _ □ ×
File  Edit  Shell  Debug  Options  Window  Help
Python 3.5.3 (v3.5.3:1880cb95a742, Jan 16 2017,
16:02:32) [MSC v.1900 64 bit (AMD64)] on win32
Type "copyright", "credits" or "license()" for
more information.
>>> sum=0
>>> n=int(input())
10
>>> m=int(input())
1000
>>> while n<=m:
        sum=sum+n
        n=n+1


>>> print(sum)
500455
>>>
                                              Ln: 15  Col: 4
```

图 7-24　在 Python Shell 中用 while 循环实现求和

① 字符串操作。

参照图 7-25 中的代码，熟悉 Python 中字符串的操作。

② 列表操作。

列表是 Python 中常用的一种数据类型。参照图 7-26 中的代码，熟

悉 Python 中列表的操作。

（5）基于 Turtle 的绘图编程

Turtle 是 Python 中基于自带的 Tkinter 图形用户界面（GUI）库的绘图库。通过本
实验，体会并掌握 Turtle 绘图库的基本应用。

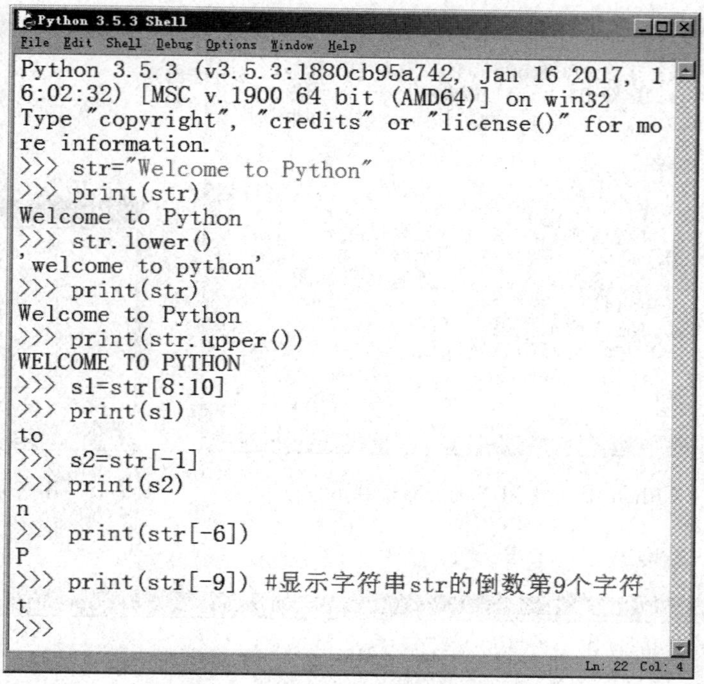

图 7-25　Python 中字符串的基本操作

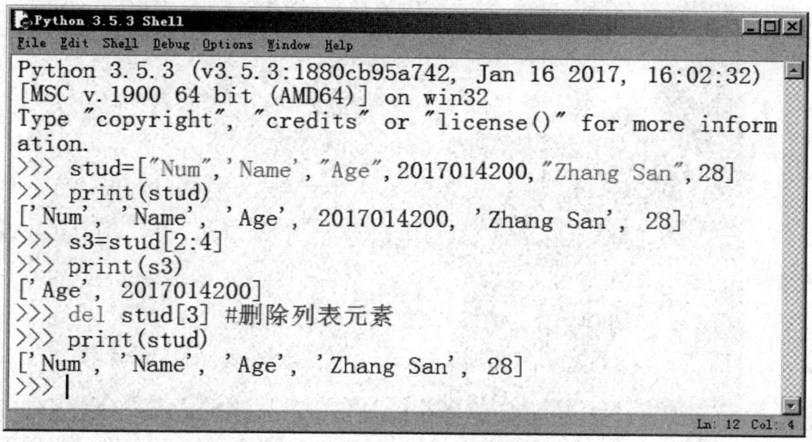

图 7-26　Python 中列表的基本操作

① 建立绘图窗口，并绘制一个正方形。

参照图 7-27 所示的代码，在窗口中绘制一个正方形，执行结果如图 7-28 所示。

② Turtle 绘制五星红旗。

在 IDLE 中单击 File→New File，新建代码文件。输入代码后，按 F5 执行代码。注意代码的缩进关系。以下为绘制五星红旗的代码，图 7-29 所示为执行结果。

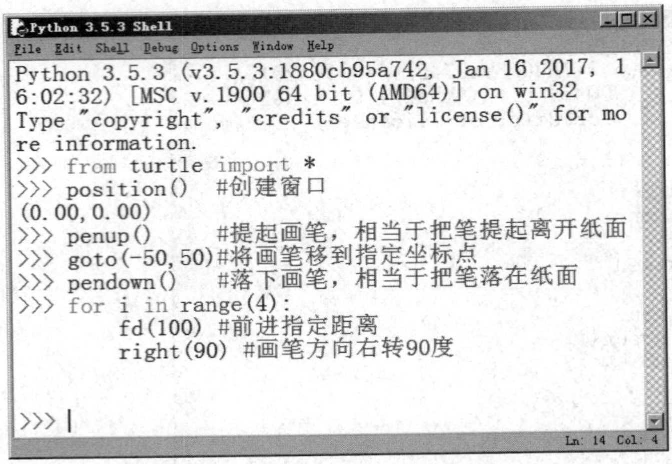

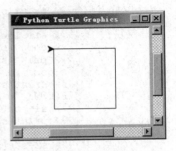

图 7-27 Python Shell 中用 Turtle 库绘制正方形

图 7-28 用 Turtle 库绘制正方形
的执行结果

图 7-29 用 Turtle 库绘制五星红旗的执行结果

```python
import turtle
def draw_rectangle(start_x,start_y,rec_x,rec_y):
    turtle.goto(start_x,start_y)
    turtle.color('red')
    turtle.fillcolor('red')
    turtle.begin_fill()
    for i in range(2):
```

```python
        turtle.forward(rec_x)
        turtle.left(90)
        turtle.forward(rec_y)
        turtle.left(90)
    turtle.end_fill()

def draw_star(center_x,center_y,radius):
    turtle.setpos(center_x,center_y)
    #find the peak of the five-pointed star
    pt1=turtle.pos()
    turtle.circle(-radius,72)
    pt2=turtle.pos()
    turtle.circle(-radius,72)
    pt3=turtle.pos()
    turtle.circle(-radius,72)
    pt4=turtle.pos()
    turtle.circle(-radius,72)
    pt5=turtle.pos()
    #draw the five-pointed star
    turtle.color('yellow','yellow')
    turtle.begin_fill()
    turtle.goto(pt3)
    turtle.goto(pt1)
    turtle.goto(pt4)
    turtle.goto(pt2)
    turtle.goto(pt5)
    turtle.end_fill()

#start the project
turtle.speed(5)
turtle.penup()
#draw the rectangle
star_x=-320
star_y=-260
len_x=660
len_y=440
draw_rectangle(star_x,star_y,len_x,len_y)
#draw the big star
pice=660/30
big_center_x=star_x+5*pice
big_center_y=star_y+len_y-pice*5
turtle.goto(big_center_x,big_center_y)
turtle.left(90)
turtle.forward(pice*3)
```

```
turtle.right(90)
draw_star(turtle.xcor(),turtle.ycor(),pice * 3)
#draw the small star
turtle.goto(star_x+10 * pice,star_y+len_y-pice * 2)
turtle.left(turtle.towards(big_center_x,big_center_y)-turtle.heading())
turtle.forward(pice)
turtle.right(90)
draw_star(turtle.xcor(),turtle.ycor(),pice)
#draw the second star
turtle.goto(star_x+pice * 12,star_y+len_y-pice * 4)
turtle.left(turtle.towards(big_center_x,big_center_y)-turtle.heading())
turtle.forward(pice)
turtle.right(90)
draw_star(turtle.xcor(),turtle.ycor(),pice)
#draw the third
turtle.goto(star_x+pice * 12,star_y+len_y-7 * pice)
turtle.left(turtle.towards(big_center_x,big_center_y)-turtle.heading())
turtle.forward(pice)
turtle.right(90)
draw_star(turtle.xcor(),turtle.ycor(),pice)
#draw the final
turtle.goto(star_x+pice * 10,star_y+len_y-9 * pice)
turtle.left(turtle.towards(big_center_x,big_center_y)-turtle.heading())
turtle.forward(pice)
turtle.right(90)
draw_star(turtle.xcor(),turtle.ycor(),pice)

turtle.ht()
```

③ 用 Turtle 绘制爱心树。

在 IDLE 中单击 File→New File,新建代码文件。输入代码后,按 F5 执行代码。注意代码的缩进关系。以下为绘制爱心树的代码,图 7-30 为执行结果。

```
import turtle
import random
def love(x,y):#在(x,y)处画爱心
    lv=turtle.Turtle()
    lv.hideturtle()
    lv.up()
    lv.goto(x,y)#定位到(x,y)
    def curvemove():#画圆弧
        for i in range(20):
            lv.right(10)
            lv.forward(2)
    lv.color('red','pink')
```

```python
lv.speed(10000000)
lv.pensize(1)
#开始画爱心
lv.down()
lv.begin_fill()
lv.left(140)
lv.forward(22)
curvemove()
lv.left(120)
curvemove()
lv.forward(22)
lv.write("LOVE",font=("Arial",12,"normal"),align="center")
lv.left(140)#画完复位
lv.end_fill()


def tree(branchLen,t):
    if branchLen >5:#剩余树枝太少要结束递归
        if branchLen<20:#如果树枝剩余长度较短则变绿
            t.color("green")
            t.pensize(random.uniform((branchLen+5)/4-2, (branchLen+6)/4+5))
            t.down()
            t.forward(branchLen)
            love(t.xcor(),t.ycor())#传输现在turtle的坐标
            t.up()
            t.backward(branchLen)
            t.color("brown")
            return
        t.pensize(random.uniform((branchLen+5)/4-2, (branchLen+6)/4+5))
        t.down()
        t.forward(branchLen)
        #以下递归
        ang=random.uniform(15,45)
        t.right(ang)
        tree(branchLen-random.uniform(12,16),t)#随机决定减小长度
        t.left(2*ang)
        tree(branchLen-random.uniform(12,16),t)#随机决定减小长度
        t.right(ang)
        t.up()
        t.backward(branchLen)

myWin=turtle.Screen()
t=turtle.Turtle()
t.hideturtle()
t.speed(1000)
```

```
t.left(90)
t.up()
t.backward(200)
t.down()
t.color("brown")
t.pensize(32)
t.forward(60)
tree(100,t)
myWin.exitonclick()
```

图 7-30　用 Turtle 库绘制爱心树的执行结果

④ 用 Turtle 绘制分形图。

被誉为大自然的几何学的分形（fractal）理论，是现代数学的一个新分支，但其本质却是一种新的世界观和方法论。它与动力系统的混沌理论交叉结合，相辅相成。它承认世界的局部可能在一定条件下，在某一方面（形态、结构、信息、功能、时间、能量等）表现出与整体的相似性，它承认空间维数的变化既可以是离散的也可以是连续的，因而拓展了视野。

本实验通过 Python 代码，绘制一个分形图。

在 IDLE 中单击 File→New File，新建代码文件。输入代码后，按 F5 执行代码。注意代码的缩进关系。以下为绘制分形图的代码，图 7-31 为执行结果。

```
import math
```

```python
from turtle import Turtle, mainloop
from time import clock

#wrapper for any additional drawing routines
#that need to know about each other
class Designer(Turtle):

    def design(self, homePos, scale):
        self.up()
        for i in range(5):
            self.forward(64.65 * scale)
            self.down()
            self.wheel(self.position(), scale)
            self.up()
            self.backward(64.65 * scale)
            self.right(72)
        self.up()
        self.goto(homePos)
        self.right(36)
        self.forward(24.5 * scale)
        self.right(198)
        self.down()
        self.centerpiece(46 * scale, 143.4, scale)
        self.getscreen().tracer(True)

    def wheel(self, initpos, scale):
        self.right(54)
        for i in range(4):
            self.pentpiece(initpos, scale)
        self.down()
        self.left(36)
        for i in range(5):
            self.tripiece(initpos, scale)
        self.left(36)
        for i in range(5):
            self.down()
            self.right(72)
            self.forward(28 * scale)
            self.up()
            self.backward(28 * scale)
        self.left(54)
        self.getscreen().update()

    def tripiece(self, initpos, scale):
```

```python
        oldh=self.heading()
        self.down()
        self.backward(2.5 * scale)
        self.tripolyr(31.5 * scale, scale)
        self.up()
        self.goto(initpos)
        self.setheading(oldh)
        self.down()
        self.backward(2.5 * scale)
        self.tripolyl(31.5 * scale, scale)
        self.up()
        self.goto(initpos)
        self.setheading(oldh)
        self.left(72)
        self.getscreen().update()

    def pentpiece(self, initpos, scale):
        oldh=self.heading()
        self.up()
        self.forward(29 * scale)
        self.down()
        for i in range(5):
            self.forward(18 * scale)
            self.right(72)
        self.pentr(18 * scale, 75, scale)
        self.up()
        self.goto(initpos)
        self.setheading(oldh)
        self.forward(29 * scale)
        self.down()
        for i in range(5):
            self.forward(18 * scale)
            self.right(72)
        self.pentl(18 * scale, 75, scale)
        self.up()
        self.goto(initpos)
        self.setheading(oldh)
        self.left(72)
        self.getscreen().update()

    def pentl(self, side, ang, scale):
        if side< (2 * scale): return
        self.forward(side)
        self.left(ang)
```

```python
            self.pentl(side- (.38 * scale), ang, scale)

    def pentr(self, side, ang, scale):
        if side< (2 * scale): return
        self.forward(side)
        self.right(ang)
        self.pentr(side- (.38 * scale), ang, scale)

    def tripolyr(self, side, scale):
        if side< (4 * scale): return
        self.forward(side)
        self.right(111)
        self.forward(side/1.78)
        self.right(111)
        self.forward(side/1.3)
        self.right(146)
        self.tripolyr(side * .75, scale)

    def tripolyl(self, side, scale):
        if side< (4 * scale): return
        self.forward(side)
        self.left(111)
        self.forward(side/1.78)
        self.left(111)
        self.forward(side/1.3)
        self.left(146)
        self.tripolyl(side * .75, scale)

    def centerpiece(self, s, a, scale):
        self.forward(s); self.left(a)
        if s< (7.5 * scale):
            return
        self.centerpiece(s- (1.2 * scale), a, scale)

def main():
    t=Designer()
    t.speed(0)
    #t.hideturtle()
    t.getscreen().delay(0)
    t.getscreen().tracer(0)
    at=clock()
    t.design(t.position(), 3)
    et=clock()
    return "runtime: %.2f sec." % (et-at)
```

```
if __name__=='__main__':
    msg=main()
    print(msg)
    mainloop()
```

图 7-31　用 Turtle 库绘制分形图的执行结果

思考题

(1) 已知公式：$F=\dfrac{Q_1 Q_2}{4\pi\varepsilon_0 r^2}$。从键盘读入 Q_1，Q_2，r 和 ε_0，求 F。

(2) 已知摄氏温度和华氏温度的转换公式：$F=C*9/5+32$ 或 $C=5/9*(F-32)$。编写程序：从键盘读入摄氏温度转换为华氏温度和从键盘读入华氏温度转换为摄氏温度。

(3) 已知公式：$\pi/4=1-1/3+1/5-1/7+1/9\cdots$，求 π 值，精确到小数点后 5 位。

(4) 输出 10000 以内的素数，每行输出 5 个素数。

(5) 改变分形图例子中的某些数值，观察程序绘图结果的变化。

第 **8** 章

常用工具软件的使用

实验 8-1　文件压缩软件 **WinRAR**

较大的文件在传递与备份时给用户带来很大不便,需要使用文件压缩软件来减小文件的大小。WinRAR 是目前市场上最流行的压缩软件,它的功能包括压缩、分卷、加密、自解压等。

1. 实验目的

① 利用 WinRAR 生成压缩文件;
② 能够对一个压缩文件进行解压缩;
③ 创建自解压文件;
④ 分卷压缩文件。

2. 实验内容

① 把"示例图片"中的任意两个文件压缩,把"示例图片"中的所有文件压缩到桌面并为压缩包文件加密;
② 把"示例图片"压缩包文件解压缩;
③ 创建自解压文件"示例图片.exe";
④ 把一个大文件分卷压缩成几个小文件。

3. 实验步骤

(1) 压缩文件

- 选择"计算机"→库→图片→示例图片→选择要压缩的文件→右击,弹出快捷菜单,如图 8-1 所示。
- 在图 8-1 所示快捷菜单中选择"添加到"***. rar"(T)"后,WinRAR 自动压缩并保存在当前文件夹中,生成压缩包文件"Sample Pictures. rar"。
- 若在图 8-1 快捷菜单中选择"添加到压缩文件(A)"后,则弹出图 8-2 所示窗口,在"压缩文件名"框中输入新文件名"示例图片",单击"浏览"按钮,选择"桌面"。

图 8-1　右键快速压缩菜单项

- 单击图 8-2 中的"高级"选项卡标签，单击"设置密码"按钮，输入密码并确定。以后打开此文件时将被要求输入该密码。

（2）解压文件

- 选中 Sample Pictures 压缩包文件，右击，弹出快捷菜单，如图 8-3 所示。

图 8-2　压缩文件名和参数窗口

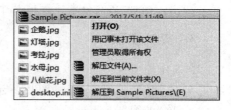

图 8-3　右键快速解压菜单项

- 选择"解压到 Sample Pictures\(E)"命令后，即建立一个名为 Sample Pictures 的文件夹，并将文件解压到这个文件夹里。一般建议使用这种方式解压文件。

（3）创建自解压文件

可将压缩文件做成一个自解压文件，即可执行文件（.exe）。这样可在没有安装

WinRAR 软件的计算机上将压缩文件解开,但其容量较大。

- 选择与"示例图片.rar"压缩包中相同的文件。
- 在图 8-2 窗口中,选中"压缩选项"中的第二项——"创建自解压格式压缩文件"。
- 单击"确定"按钮,即可生成自解压的 exe 文件。
- 比较相同文件普通压缩后和其自解压 exe 文件二者的大小,例如,"示例图片.rar"和"示例图片.exe"两文件的字节数。

（4）分卷压缩

有些文件,如视频文件较大,即使压缩后仍然不便于携带和网络传送。WinRAR 可将一个大文件拆分成多个小压缩包文件,便于使用 U 盘等存储文件,以及网络传输。

- 选择要压缩的大文件。
- 在图 8-2 窗口的"压缩为分卷,大小"下拉列表框中选择合适的参数或输入压缩文件的大小,如 100MB。
- 单击"确定"按钮。
- WinRAR 就开始压缩文件,压缩完成后即可生成每份 100MB 左右的几个压缩文件。

注:在分卷压缩时为了不影响影视文件的播放效果,可以只分卷,不进行压缩,只需在"压缩方式"下拉列表框中选择"存储"选项即可。

使用说明

- 向已有的压缩包中添加新文件,删除现有压缩包中的部分文件。
- 双击"Sample Pictures.rar"压缩包,启动 WinRAR 主窗口,如图 8-4 所示。文件区显示的是压缩包中的内容。
- 打开"计算机",在"示例图片"文件夹中找到要追加的文件。选中该文件,拖动该文件到图 8-4 中的文件区,松开鼠标左键即可。

图 8-4　WinRAR 主窗口

- 如要删除压缩包中的部分文件或文件夹。打开图 8-4 所示的压缩包,选中要删除的文件或文件夹,单击工具栏上的"删除"按钮,即可在压缩包中删除文件。

4. 实验作业

（1）将 C 盘中任意文件夹压缩,并为此压缩包文件 C:\yasuo1.rar 加密;再创建自解压文件包 C:\yasuo1.exe。

(2) 在 D 盘任选一文件添加到压缩包 C:\yasuo1.rar 中。

(3) 选一较大文件,分卷压缩成三个小压缩包文件,然后再解压到一个文件夹中。

实验 8-2　图像浏览工具 ACDsee

ACDsee 是一款图片浏览软件,不但能支持多种图像格式,同时应用于图片的管理、后期处理和优化,制作屏幕保护,实现屏幕抓图等方面。

1. 实验目的

① 学会利用 ACDsee 浏览图片。

② 使用 ACDsee 对图像进行简单编辑。

③ 图片管理和创建屏保。

2. 实验内容和步骤

双击桌面上的快捷图标 ,启动 ACDsee 程序,进入其主界面,如图 8-5 所示。

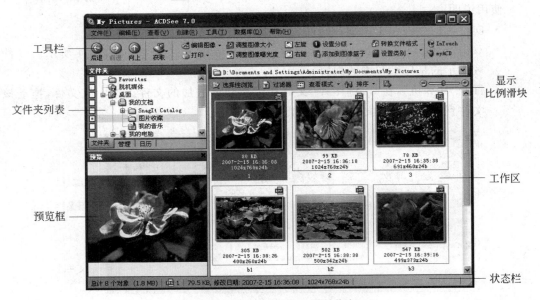

图 8-5　ACDSee 主界面(图片浏览窗口)

(1) 浏览图片

• 选择要浏览图片的文件夹。在文件夹列表中,选择"我的文档"→"图片收藏"→"示例图片"。

• 显示图片。双击工作区中要显示的图片文件,可切换到图片显示窗口,如图 8-6 所示。单击按钮条中的按钮 或 ,可显示当前文件的上一个或下一个图片,使用按钮按钮可实现该目录下的图片自动连续显示,使用按钮🔍或🔍可缩放图片。

(2) 编辑图片

在图片显示窗口,单击按钮条中的"编辑图像"按钮🖼,弹出"编辑面板"任务窗格,如图 8-7 所示。该面板主要包括图像调整大小、旋转、曝光、剪裁等功能。

图 8-6 图片显示窗口   图 8-7 图像编辑面板

- 调整图像大小。单击图 8-7 中的"调整大小"按钮,在弹出的窗口中"宽度"数值框中输入数据(如 200),单击"完成"按钮,保存为另一个新文件。回到图片浏览窗口中,可以看到调整大小前后的照片信息。
- 再尝试图 8-7 中的裁剪图像和其他功能选项。

(3) 管理图片

① 批量更改文件名。将 DSC00326、DSC00327…图片文件名批量更改为"聚会 1"、"聚会 2"…。

- 在浏览图像窗口选择要批量更名的文件。
- 选择"工具"→"批量重命名"命令,弹出图 8-8 所示对话框。
- 在"开始于"数值框中输入开始序号为 1,在"模板"下拉数值框中输入序号前的模板内容,如"聚会♯",在右侧"预览"窗口可以看到更改后的文件名。
- 单击"开始重命名"按钮,即可批量更改文件名。

② 批量转换图片格式,将 JPG 格式文件转换成 BMP 格式。

- 在图片浏览窗口选中要转换格式的文件,如浏览图片提到的示例图片。
- 选择"工具"→"转换文件格式"命令,弹出对话框。
- 选择输出文件格式 BMP,单击"下一步"按钮。
- 选择转换后图片的保存位置,单击"下一步"按钮。

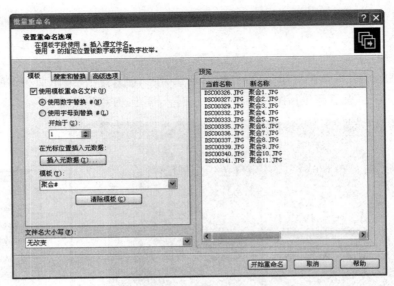

图 8-8 "批量重命名"窗口

- 单击"开始转换"按钮,开始批量转换图片格式。
- 比较转换后的 BMP 图片与原格式 JPG 图片。

③ 设置屏保。

- 在图片浏览窗口中,选择"工具","设置屏幕保护"命令,弹出图 8-9 所示的对话框。

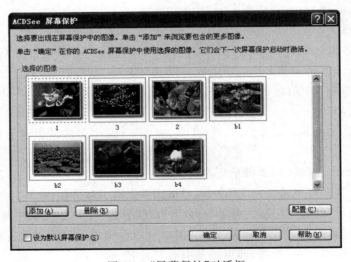

图 8-9 "屏幕保护"对话框

- 单击"添加"按钮,选择要设置屏幕保护的图片。
- 单击"配置"按钮,选择图片切换效果。
- 选中左下角"设为默认屏幕保护"复选框,单击"确定"按钮,即可将刚制作完成的屏保作为当前系统屏保。

3．实验作业

（1）用 ACDsee 软件浏览图片、自由缩放、顺序播放，并将图片进行旋转、曝光等简单编辑。

（2）将数码相机或手机中外出游玩的照片批量更改文件名为"旅游 1"、"旅游 2"、…，并精选出 5 张创建屏保。

实验 8-3　图像处理软件 Photoshop 的使用

Photoshop 是美国 Adobe 公司的彩色图像处理软件，被公认为是最好的通用平面设计工具，在广告、出版、图形图像处理等领域广为使用。该软件功能强大，是最著名的位图图像处理和图像效果生成工具，即 Photoshop 更专长于图像处理，而不是图形创作，图像处理是对已有的位图图像进行编辑加工处理以及运用一些特殊效果等。

1．实验目的

① 掌握图像的基本编辑方法。
② 学习图层、滤镜、通道等的使用，以及一些效果的制作。

2．实验内容和步骤

启动 Photoshop 后，进入图 8-10 所示的工作界面。

图 8-10　Photoshop 工作界面

（1）两幅图片合成

本例是将"校园风光"和"人物"两幅图片合成。

- 选择菜单"文件"→"打开"命令，打开两张要合成的素材图片，如图 8-11 所示。

(a) 校园风光　　　　　　　　　　(b) 人物图片

图 8-11　校园风光和人物素材图

- 单击选中"人物"照片。在工具箱中选择"磁性套索工具"，如图 8-12 所示。沿人物图片中的女孩边缘选取选区，如图 8-13 所示。
- 选择工具箱中"矩形选框工具"或"椭圆选框工具"，按住 Alt 键，同时在背景中拖动，可以删除背景和人物之间多余的选定区；按住 Shift 键，同时拖动鼠标，可以将未被选中的图像选中。可多次重复上述操作。

图 8-12　磁性套索工具

- 单击"选择"→"修改"→"羽化"命令设置羽化半径为 3，单击"确定"按钮。
- 选择工具箱中的"移动工具"按钮，将选区中的女孩拖到"校园风光"图像上。
- 单击"编辑"→"自由变换"命令，调整人物大小和位置，按 Enter 键完成调整。最终效果如图 8-14 所示。

图 8-13　人物选区图

图 8-14　图片合成最终效果图

（2）图像中凸起的文字

本例中的文字好像从图像中凸出来一样。通过制作可以学习图层的概念、图层的基本操作方法及操作技巧。

　　图层就像一张张透明胶片,可将不同的图形对象绘制在不同的图层中,对其独立编辑、修改和移动,而不影响其他图层中的内容。各层图像可以重叠,显示一幅完整的图像。

- 单击"文件"→"打开"命令,打开一幅风光图片,如图 8-15 所示。

图 8-15　风光图片

- 在工具箱中选择"文字工具"按钮 **T**,在图片的适当位置输入文本"山美水美"。文字大小为 200 点,字体为华文行楷,颜色为白色。
- 选中图层面板中"背景"图层,右击,选择"复制图层",把"背景"图层复制到"背景副本"图层,如图 8-16 所示。
- 选中文字图层,选择菜单"图层"→"栅格化"→"文字",将文字图层转换为常规图层。
- 单击"编辑"→"变换"→"透视"命令,拖动"山美水美"文字上下角的控制柄,效果如图 8-17 所示。按 Enter 键完成操作。

图 8-16　图层面板

图 8-17　"山美水美"图片

- 按住 Ctrl 键,单击图层面板中的文字图层的缩览图,创建文字选区。
- 选中"背景副本"图层,单击"选择"→"反向",选中文字以外的区域。再按 Del 键,删除文字以外的风景图像。
- 选中"山美水美"图层,右击,选择"删除图层"命令,删除该图层。
- 单击"选择"→"反向"命令,选中文字。
- 双击图层,弹出"图层样式"对话框,如图 8-18 所示进行设置。
- 按 Ctrl+D 键,取消选区,最终效果如图 8-19 所示。

（3）晴天变雨天

　　本例将晴天图片添加下雨的效果,主要使用滤镜的技术。滤镜是 Photoshop 最重要的功能之一,可以轻而易举地产生出非常专业的效果。

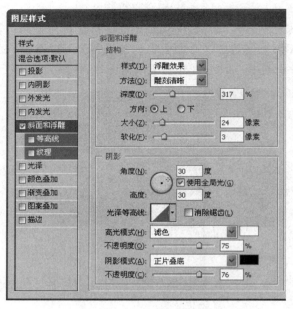

图 8-18 "图层样式"对话框

- 打开一个晴天街景图片,如图 8-20 所示。

图 8-19 最终效果图

图 8-20 晴天街景图片

- 选菜单命令"图层"→"新建"→"图层",创建名字为"图层 1"的图层。将此图层前景色设置为黑色,背景为白色,按 Alt+Delete 键,将图层 1 填充为黑色。
- 选择"滤镜"→"像素化"→"点状化"命令,在弹出的对话框中输入 3,单击"确定"按钮。
- 在"图层"面板的下拉列表中选择"滤色"选项,如图 8-21 所示。
- 选择"滤镜"→"模糊"→"动感模糊"命令,对话框中参数设置角度 70,距离 15。
- 选择"滤镜"→"锐化"→"USM 锐化"命令,对话框中数量调整为 50,其他值不变。最终效果如图 8-22 所示。

(4) 木刻凤凰

此例先是木质材料纹理的制作,然后是在木质材料上雕刻图案。通过该例制作可以学习 Alpha 通道、滤镜、计算和应用图像等。

图 8-21　图层面板

图 8-22　雨天街景图片

- 木板纹制作：新建一个文件，设置前景色和背景色均为木板棕色。按 Alt＋Delete 键填充前景色。选择"滤镜"→"纹理"→"颗粒"命令，弹出的对话框中强度、对比度均为 10，颗粒类型为"垂直"，单击"确定"按钮。效果如图 8-23 所示。双击"图层"面板中"背景"图层，在弹出对话框中单击"确定"按钮，将该图层变为"图层 0"的常规图层。

- 打开"凤凰与牡丹"图片，如图 8-24 所示。单击工具箱中的"魔棒工具"选项栏，选项栏设置如图 8-25 所示。单击该图片白色背景，选择菜单"选择"→"反向"命令，选中凤凰牡丹图案（不包括白色背景），选择菜单"编辑"→"拷贝"命令，将图案复制到剪贴板。

图 8-23　木板纹图像

图 8-24　"凤凰与牡丹"图像

图 8-25　"魔棒工具"选项栏

- 木板图片：单击"通道"面板下方的"创建新通道"按钮，新建"Alpha 1"通道，如图 8-26 所示。选中该通道，选择菜单"编辑"→"粘贴"，将凤凰图案粘贴到通道中。按 Ctrl＋D 键取消选区。

- 右击"Alpha 1"通道，选择"复制通道"，复制名字为"Alpha 1 副本"的通道。

- 选中"Alpha 1 副本"通道，选择菜单"滤镜"→"模糊"→"高斯模糊"命令，对话框中设置半径为 1.0。选择菜单"滤镜"→"风格化"→"浮雕效果"命令，对话框内设置角度 150，高度 4，数量 150。

- 单击菜单"图像"→"计算"命令，对话框中设置如图 8-27 所示。

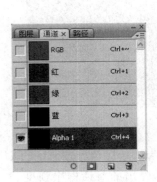

图 8-26 "通道"面板

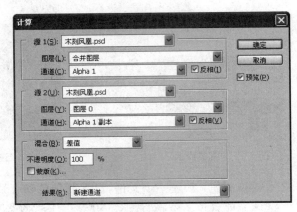

图 8-27 "计算"对话框

- 单击"通道"面板的 RGB 通道，单击"图层"标签，回到"图层"面板。
- 选择菜单"图像"→"应用图像"命令，对话框中设置如图 8-28 所示。最终效果如图 8-29 所示。

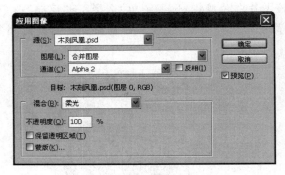

图 8-28 "应用图像"对话框

图 8-29 "木刻凤凰"最终效果

3. 实验作业

（1）下载课程网站实验指导中提供的学校风光照片素材，使之与本人或同学的照片进行合成。

（2）给普通照片添加相框和艺术字，对照片的发黄、裂纹、人物进行修复及美化。

（3）为风景照片制作暴风雪效果。

实验 8-4 动画制作软件 Flash 的使用

Flash 是 Macromedia 公司推出的二维动画制作工具。用 Flash 制作出来的动画是矢量的，不管怎样放大、缩小，它还是清晰可见。用 Flash 制作的文件很小，这样便于在因特网上传输,Flash 现已逐渐成为交互式矢量动画的标准。

1. 实验目的

① 熟悉 Flash 的基本操作方法。
② 能够制作简单的动画。

2. 实验内容和步骤

启动 Flash 后,进入图 8-30 所示的工作界面。

图 8-30 Flash 工作界面

Flash 动画分为两类:逐帧动画和渐变动画。渐变动画有形状渐变和运动渐变之分。

(1) 逐帧动画的制作

逐帧动画又叫帧帧动画,在制作时需要对动画的每一帧进行绘制。例如跳动的数字,该数字从 1~0 不停地循环跳动。

① 选择"文件"→"新建"命令,新建一个文件。

② 选择工具箱中的"文本"工具,然后在"属性"面板中设置:宋体,字号 60,蓝色并加粗。

③ 用鼠标选择时间轴的第 1 帧,在场景中输入数字 1。

④ 选择第 2 帧,右击,在弹出的快捷菜单中选择"插入关键帧"命令,并在数字 1 后面接着输入数字 2,并改变数字 2 的颜色。

⑤ 在时间轴的第 3 帧、第 4 帧、…、第 10 帧分别重复第④步操作,在每一帧中插入一个不同颜色的新数字 3、4、…、0,完成逐帧动画序列的制作。时间轴的状况如图 8-31 所示。

⑥ 选择"控制"→"测试影片"命令观看动画效果,如图 8-32 所示。

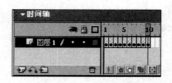

图 8-31　时间轴的最终状况图

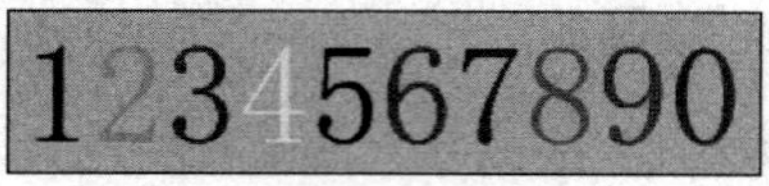

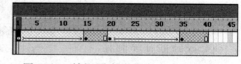

图 8-32　动画效果图

　　另外,也可以在插入新数字的同时删除前面的数字,会有不一样的效果,不妨试一下。

　　(2) 形状渐变动画的制作

　　用户只需定义两个关键帧——起始帧和终止帧,并分别绘制好图形。在两个关键帧之间形状渐变动画的变化过程由 Flash 自动生成。例如文字变形,由文字 2008 演变到文字"奥运年"。

　　① 新建一个文件。选择时间轴第 1 帧。

　　② 选择工具箱中的"文本"工具,在"属性"面板中设置:方正舒体,字号 80,颜色为蓝色。在场景适当位置单击鼠标并输入 2008 字样。

　　③ 选择第 15 帧,右击,在弹出的快捷菜单中选择"插入关键帧"命令。

　　④ 在第 15 帧,把 2008 改成"奥运年",并把颜色设置成绿色。

　　⑤ 在第 15 帧,按 Ctrl+B 组合键两次,将文字打散;同理,把第 1 帧文字也打散。

　　⑥ 鼠标在第 1 帧,在"属性"面板中选择"形状"渐变动画选项。

　　⑦ 按 Enter 键或 Ctrl+Enter 组合键观看动画效果。

　　为了使文字变形前有停顿,使视觉效果更好,进一步调整。

　　⑧ 选择第 20 帧,右击,在弹出的快捷菜单中选择"插入关键帧"命令。

　　⑨ 在第 1 帧右击,在弹出的快捷菜单中选择"复制帧"命令。

　　⑩ 在第 35 帧右击,在弹出的快捷菜单中选择"粘贴帧"命令。

　　⑪ 在"属性"面板中选择"形状"选项。时间轴效果如图 8-33 所示。

图 8-33　帧视图中形状渐变动画的设置

　　⑫ 保存此动画到个人目录 E:\200740000 中,文件名为 flash_1.fla。

　　(3) 运动渐变动画的制作

　　利用运动渐变的方法而制作的动画是位移动画。可以设置对象在位置、大小、倾斜、颜色及透明度等方面的渐变效果。例如滚动的小球,使其从场景的右上方滚动到左下方。

　　① 新建文件。选择"文件"→"新建"命令。

　　② 绘制小球。选择第 1 帧,选择工具箱中的"椭圆"工具,调色板设置成蓝黑渐变的填充颜色,按住 Shift 键,在场景的右上方拖动出一个小球。

　　③ 制作动画。在第 40 帧右击,在弹出的快捷菜单中选择"插入关键帧"命令。用工具箱中的"箭头"工具拖动小球到场景左下方。再次右击,在弹出的快捷菜单中选择"选择所有帧"命令,此时两个关键帧和它们之间的帧全部为反白显示,说明均被选中。再次右击,在弹出的快捷菜单中选择"创建动画动作"命令,在所选的帧中出现"箭头线"。在

"属性"面板中选择"运动"渐变动画选项。

④ 保存动画。保存此动画到个人目录 E:\200740000 中,文件名为 flash_2.fla。

(4)图层的应用

图层就像一摞透明的纸,每一张都保持独立,其上的内容互不影响,可以单独操作,同时又可以合成不同的连续可见的动画文件。Flash 中的图层分为三种类型:引导层(Guide)、普通层(Normal)和遮罩层(Mask)。

① 引导层:制作让上例中的小球按指定路径运动的动画。

- 打开上例动画小球文件(flash_2.fla)。
- 添加引导层。在时间轴面板左侧的图层控制区中,单击"添加引导图层"按钮 ,在图层 1 之上出现"引导层"。
- 绘制运动路径。选择引导层第 1 帧,选择工具箱中的"铅笔工具",并在工具箱下方的选项中选择"平滑"。用鼠标在场景中画出小球运动的路径,如图 8-34 所示。

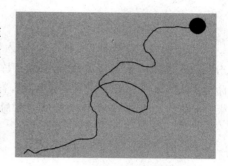

图 8-34　小球及其运动的路径

- 设置小球的运动起始和结束位置。选择图层 1 的第 1 帧,用"箭头"工具 拖动小球到路径的起始点,使小球的中心点与路径的起点重合。选择图层 1 的最后一帧,用"箭头"工具拖动小球到路径的终止点,使小球的中心点与路径的终点重合。
- 按 Enter 键或 Ctrl+Enter 组合键观看动画效果。

② 普通层。

- 打开动画文件(flash_1.fla)。
- 插入新图层。单击"插入图层"按钮 ,增加默认名字为图层 2 的新层。
- 单击图层 2 的第 1 帧,选择"画圆"工具,并在"属性"面板中设置:线框颜色设置成红色,填充颜色为无填充,线框宽度为 8.0,线型选择最后一种虚线。"属性"面板设置如图 8-35 所示。
- 按住 Shift 键,在场景中拖动鼠标,绘制出一圆形,如图 8-36 所示。

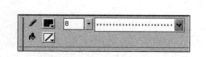

图 8-35　"属性"面板设置

图 8-36　第 1 帧效果

- 利用"箭头"工具选中圆形图片,选择"插入"→"转换成元件"命令,在弹出对话框中选择"图形"项,单击"确定"按钮。
- 在第 40 帧处插入一个关键帧。
- 单击第 1 帧,在"属性"面板中选择"运动"动画,旋转项中选择顺时针,旋转次数为1。

这时,时间轴如图 8-37 所示。在图层 2 中有圆形旋转的运动渐变动画,图层 1 中有文字变形的形状渐变动画,这两个对象在不同的图层上,同时展示动画播放效果。

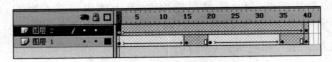

图 8-37　图层及动画设置

(5) 加入背景音乐

选中第 1 帧,选择"文件"→"导入"命令,选择一个喜欢的声音文件(music. wav),单击"打开"按钮,这时声音就被添加到库中。打开库面板(如没有打开,选择"窗口"→"库"命令),将 music. wav 拖入场景区域,释放鼠标即可,并可在"属性"面板上调整声音的"效果"等设置。设置完成可以看见时间轴上对应的帧中出现了声音的波形图。

第9章

MATLAB 应用基础

MATLAB(MATrix LABoratory,矩阵实验室)已经在线性代数、自动控制理论、数字信号处理、时间序列分析、动态系统仿真、图像处理、经济数学模型演算和符号处理等许多课程中成为基本的教学工具和数据处理平台,是本科生、研究生及博士生必须掌握的基本技能。MATLAB 被广泛地用于研究、分析和处理各种各样具体的工程计算和系统仿真。

本实验使用 MATLAB 6.5 软件,通过单击桌面上的 MATLAB 图标启动系统。MATLAB 启动后的工作界面如图 9-1 所示。

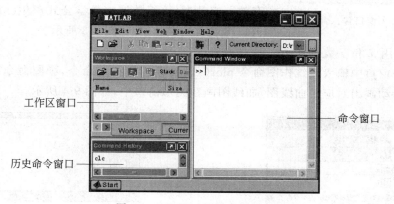

图 9-1   MATLAB 的工作界面

MATLAB 窗口简介

① 命令窗口:该窗口是 MATLAB 系统提供的命令交互窗口,在窗口中输入MATLAB 命令可以立即得到运算结果。

② 工作区窗口:列出 MATLAB 工作空间中所有存储数据的名称、占内存的字节数和数组的大小。可以对存储的数据进行查看、修改、读取和保存。

③ 历史命令窗口:记录已经运行过的 MATLAB 命令、运算式子、公式和函数,可以对这些 MATLAB 命令、运算式子和函数进行选择、复制或重新运行。

通过本章的实验应该掌握 MATLAB 系统的简单应用,掌握对数学公式和物理公式的求解、对方程组的求解方法与过程及使用计算数据进行图形处理。

实验 9-1　函数和导数的应用

1. 实验目的

① 单变量函数的计算(以公式 $Y = 2e^{-0.5x}\sin(2\pi x), 0 \leqslant x \leqslant 2\pi$ 为例子)。

② 计算结果绘图。

③ 函数求导。

2. 实验内容和步骤

(1)单变量函数的计算

在命令窗口中的≫符号后面直接输入 MATLAB 命令,命令行最后面的分号可以输

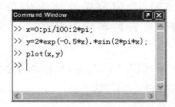

图 9-2　命令窗口输入命令形式

入也可以省略,省略分号则该行的运行结果直接显示在屏幕上。MATLAB 命令输入结束需要按 Enter 键,如图 9-2 所示。

x 和 y 是存放各自运算的结果。x 中存放一组数据,数据的取值范围在 $0\sim2\pi$ 之间,间隔为 $\pi/100$。y 中存放一组数据,该组数据由数学公式产生。通过工作区窗口可以看到该数据,如图 9-3 所示。

(2)利用 x 和 y 数据作图

在命令窗口中输入二维作图命令 plot(x,y),系统执行该命令,画图命令根据公式产生的数据自动画出对应的曲线图,曲线图画在图形窗口中,如图 9-4 所示。

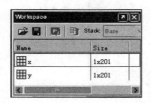

图 9-3　工作区窗口存储数据样式

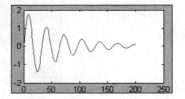

图 9-4　数据作图样式

(3)函数求导

使用求导函数 diff,求函数在各个点的导数。Z 中存放一组数据,该组数据是导函数在各个点的值,如图 9-5 所示。使用该数据绘制导函数图,如图 9-6 所示。

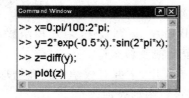

图 9-5　函数求导方法

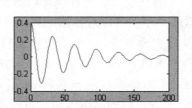

图 9-6　导函数曲线图

实验 9-2 矩阵的初等变换

1. 实验目的

① 输入方程的数据。
② 求行列式的值。
③ 求矩阵的逆。
④ 求矩阵的秩。
⑤ 线性方程组求解。

2. 实验内容和步骤

（1）输入方程的数据

在命令窗口输入数据，数据集用方括号括起来。数据与数据之间使用逗号或空格隔开，如果是多行数据，则下一行数据用分号隔开，如图 9-7 所示。

（2）求行列式的值

在命令窗口输入 MATLAB 命令，使用 Matlab 行列式求值函数 det，求解行列式的值，如图 9-8 所示。

（3）求矩阵的逆

在命令窗口输入 MATLAB 命令，使用 Matlab 矩阵求逆函数 inv，求解矩阵的逆，如图 9-9 所示。y 矩阵是对应 x 矩阵的逆矩阵。

图 9-7 矩阵数据输入格式

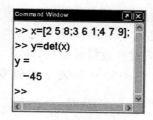
图 9-8 求行列式的值

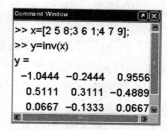
图 9-9 求矩阵的逆矩阵

（4）求矩阵的秩

在命令窗口输入 MATLAB 命令，使用 Matlab 矩阵求秩函数 rank，求解矩阵的秩，如图 9-10 所示。

（5）线性方程组求解

① 建立方程组系数阵和常数阵。

$$
\begin{aligned}
2x_1 + 5x_2 + 8x_3 &= 3 \\
3x_1 + 6x_2 + x_3 &= 5 \\
4x_1 + 7x_2 + 9x_3 &= 7
\end{aligned}
\qquad
A = \begin{bmatrix} 2 & 5 & 8 \\ 3 & 6 & 1 \\ 4 & 7 & 9 \end{bmatrix}
\qquad
B = \begin{bmatrix} 3 \\ 5 \\ 7 \end{bmatrix}
$$

② 在命令窗口输入两个方程的系数，如图 9-11 所示。

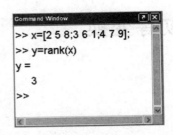

图 9-10　求矩阵的秩

图 9-11　求方程组的解

③ 在命令窗口输入求线性方程组的算式 $X=A\backslash B$，注意符号"$\backslash$"的方向。

④ 得到的结果：$x_1=2.3333, x_2=-0.3333, x_3=0$。

实验 9-3　积　　分

实验 9-3-1　不定积分

1. 实验目的

① 定义符号量的方法。

② 求不定积分 $\left(\text{如}\int(3-x^2)^3\mathrm{d}x\right)$。

2. 实验内容和步骤

（1）在 MATLAB 命令窗口输入 syms x y 命令定义符号变量，在工作区生成两个符号变量 x 和 y。符号变量 x 和 y 只能存放符号数据，如图 9-12 所示。

（2）在工作区中表示符号变量的符号和表示数值变量的符号不相同，如图 9-13 所示。

（3）书写被积函数的算式 $y=(3-x^2)^3$。

（4）在 MATLAB 命令窗口输入积分算式。使用 Matlab 求不定积分的 int 函数，求不定积分的原函数，该函数用多项式表示，如图 9-14 所示。

图 9-12　定义符号变量

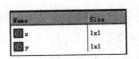

图 9-13　符号变量的符号

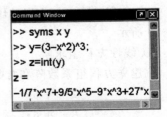

图 9-14　不定积分的解法与结果

实验 9-3-2　数值积分

1. 实验目的

① 描述被积函数(被积函数是解析式)的算式。

② 求定积分的值$\left(积分式 \int_0^1 e^{-x^2} dx\right)$。

③ 求多重积分的值。

2. 实验内容和步骤

(1) 描述被积函数的算式(书写被积函数的算式 exp($-x$.^2))

(2) 求定积分的值

① 定义符号量 y。

② 在 MATLAB 命令窗口输入积分算式。

③ 使用 Matlab 函数 quad 求被积函数的值。函数格式
quad(函数,上限,下限)。z=quad(y,0,1),求函数 y 在 0 与 1
之间的积分值,如图 9-15 所示。

(3) 求多重积分的值$\left(积分式 \int_0^1 \left[\int_0^1 e^{-x^2-y^2} dx\right] dy\right)$

① 书写被积函数的算式 exp($-x$.^2$-y$.^2)。

② 定义符号量 x、y。

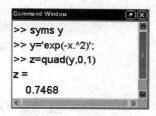

图 9-15　数值积分的解法

③ 在 MATLAB 命令窗口输入积分算式。使用函数 dblquad 求被积函数的值函数格式 dblquad(函数,内层积分上限,内层积分下限,外层积分上限,外层积分下限)。在函数参数中有两组上下参数,前一组是内层积分的上下限,后一组是外层积分的上下限。

实验 9-3-3　符号积分

1. 实验目的

① 描述被积函数的算式。

② 求上下限为数值的符号积分。

③ 求上下限为无穷的符号积分。

2. 实验内容和步骤

(1) 数值的符号积分$\left(积分式 \int_1^2 |1-x| dx\right)$

① 符号积分的算式描述 $1-x$。

② 定义符号量 x,f,s。

③ 在 MATLAB 命令窗口输入积分算式 f='abs(1$-$x)',函数 abs 表示取绝对值。

④ 使用 Matlab 函数 int 求被积函数的值。注意：积分的结果是一个符号量 1/2 而不是数值量 0.5，如图 9-16 所示。

（2）从负无穷到正无穷的符号积分$\left(积分式\int_{-\infty}^{+\infty}\frac{\mathrm{d}x}{1+x^2}\right)$

① 描述符号积分的算式 1/(1＋x^2)。

② 定义符号变量 x,f,s。

③ 在 MATLAB 命令窗口输入积分算式 f='1/(1＋x^2)'。

④ 使用 Matlab 函数 int 求被积函数的值。函数中上下界采用符号 inf 表示，inf 的含义是"无穷"。注意：积分的结果是一个符号量 pi，而不是数值量 3.1415926，如图 9-17 所示。

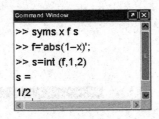

图 9-16　符号积分的解法和结果

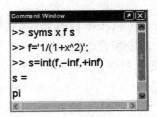

图 9-17　无穷符号积分算式

实验 9-4　数据统计、插值与拟合

1. 实验目的

① 掌握数据统计的方法与函数。

② 掌握数据插值的方法与函数。

③ 掌握数据拟合的方法与函数。

2. 实验内容和步骤

（1）数据统计的方法

① 将需要统计的数据整理成表格形式，如表 9-1 所示。

表 9-1　统计数据

X	1	2	3	4	5	6	7	8	9	10	11
Y	−0.447	1.978	3.11	5.25	5.02	4.66	4.01	4.58	3.45	5.35	9.22

② 把数据表 X 值数据和 Y 值数据按行输入到工作区，如图 9-18 所示。

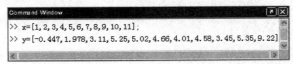

图 9-18　输入统计数据格式

③ 使用函数 min(y)对 y 数据组求最小值数据。

④ 使用函数 max(y)对 y 数据组求最大值数据。

⑤ 使用函数 mean(y)对 y 数据组求平均值。

⑥ 使用函数 std(y)对 y 数据组求标准差。

⑦ 使用函数 val(y)对 y 数据组求方差。

求平均值、标准差和方差值的函数使用方法如图 9-19 所示。

（2）数值插值的方法

① 输入数据。已知数据表格中的数据，将该数据输入工作区中。

② 该数据表是一个单变量函数，是一个一维数据表，所以采用一维插值。一维差值采用的方法包括线性方法、三次样条和三次插值等方法。插值函数 interp1，插值函数的格式 interp1(X,Y,X1,'meshod')，X 和 Y 是数据表里的数据，X1 是需要插入点的数据表。

③ 选择插入点数据，若需要在表 9-2 中每个数据之间插入一个或若干个数据点，则给出在 X 取值范围内（1～11 之间）新的数据点。新数据点集合构成 X1 数据。

④ 在 MATLAB 窗口输入构成 X1 数据算式，可以采用直接输入方法，也可以采用公式生成数据方法。

（3）数值插值的应用

① 选择插值函数和差值方法，这里选择一维线性插值方法，也是既定方法。

② 在 MATLAB 窗口输入插值函数。对已存在的数据进行的插值方法如图 9-20 所示。X 与 Y 的值是表 9-1 的数据，X1 是插入点数据，Y1 是插入点对应的新数据。

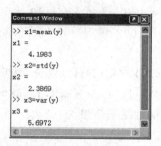

图 9-19　统计函数的应用

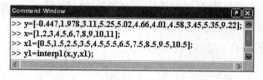

图 9-20　插值函数的应用方法

③ 使用绘图画点的方法绘制原始数据和插入新点数据，如图 9-21 所示。

④ 使用插值前的数据用画点的方法绘制的图形如图 9-22 所示。

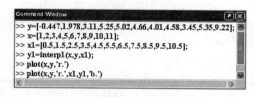

图 9-21　绘制原始数据和插入新点数据

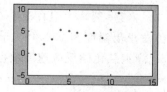

图 9-22　插值前数据绘图

⑤ 使用插值后的数据用画点的方法绘制的图形如图 9-23 所示。

（4）曲线拟合的应用

① 拟合的数据选用表 9-1 中的数据，曲线采用最小二乘法则进行拟合。在曲线拟合

时需要确定系数向量的阶数,例如是采用 3 阶拟合还是 5 阶拟合……拟合函数的格式 polyfit(X,Y,m)。X,Y 是数据表中的数据,m 是阶数。

② 在 MATLAB 窗口输入拟合向量,本例在运算式中采用 5 阶方式生成系数向量并把系数向量保存在 p 中。p＝polyfit(x,y,5),如图 9-24 所示。

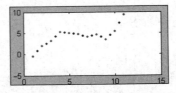

图 9-23　插值后数据绘图

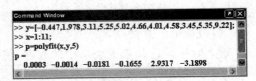

图 9-24　拟合函数和拟合数据的应用格式

③ 用 p 向量中数据构成一个多项式,p 向量中的第一个数据是 x 五次方的系数,第二个数据是 x 四次方的系数,依次类推,最后一个数据是常量。用 p 向量构成的多项式如下:

$$0.0003x^5 - 0.0014x^4 - 0.0181x^3 - 0.1655x^2 + 2.9317x - 3.1898 = 0$$

思考题

1. 求 $(P/K^2 - 1)x^2 + 3x - 2 = 0$,其中 P 是 CO_2 在大气中的压强,K 是一个依赖于温度的平衡常数(在 2800K 时,$K = 1.648$),$P = 1$ 标准大气压时,求 x。

2. 假定氨气符合范德华方程 $(P + n^2 a/v^2)(v - nb) = nRT$,已知 $a = 4.19$ 大气压·升^2/摩尔^2,$b = 0.0373$ 升/摩尔^2,$n = 1$,$P = 1$ 大气压,$R = 0.082\,06$ 升·大气压/摩尔 K,$T = 423.2$K,求氨气的 1 克分子体积。

3. 将氯甲烷(CH_3Cl)、氯乙烯(C_2H_5Cl)、氰化氢(HCN)与氨(NH_3)混合,然后对混合物进行元素分析,各个元素所占质量分数为:C,18.71%;H,11.38%;Cl,35.68%。请计算各化合物占混合物总量的质量分数。已知各元素的相对原子质量为:

C,12.01;H,1.008;N,14.01;Cl,35.45

(25.024 11,32.95 196,1.096 701,40.92 722)

4. 已知在 10 大气压下,由 $N_2(g) + 3H_2(g) = 2NH_3(g)$ 合成氨的百分产率与温度的关系如下:

T	300	400	500	600	700
产量(%)	14.7	3.85	1.21	0.49	0.23

用插值法求出温度为 350、450、550、650 时的产率。

5. 测定某化学反应速度数据如下:

t	3	6	9	12	15	18	21	24
g	57.6	41.9	31.0	22.7	16.6	12.2	8.9	6.5

用数学模型 $y = ae^{bx}$ 来拟合反应速度,求参数 a、b。($y = 78.57e^{-0.1037x}$)

文 字 录 入

文字录入员包含中英文两部分,一般先是英文,再是中文。

1. 键盘的布局

目前,微型计算机大多使用标准 101/102 键盘或增强型键盘,如图 A-1 所示。

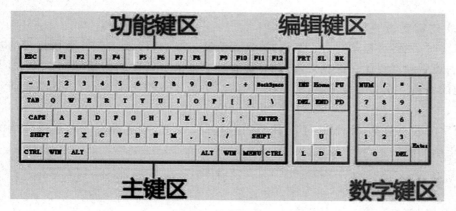

图 A-1 键盘的布局

2. 正确的打字指法

目前,微型计算机大多使用标准 101/102 键盘或增强型键盘,如图 A-1 所示。

(1) 基准键位和手指分工

通常情况下,我们应将各手指放在基准键位 A、S、D、F、J、K、L、;上,如图 A-2 所示。

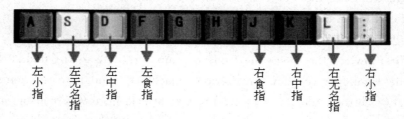

图 A-2 基准键位

在基准键位的基础上,对于其他字母、数字和符号都采用与基准键位相对应的位置来记忆。指法分区如图 A-3 所示,其目的是使手指分工操作,便于记忆。

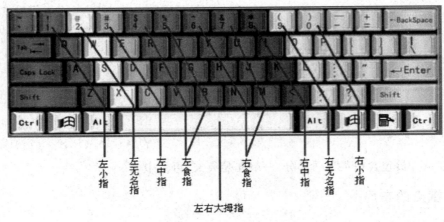

图 A-3 手指分工

(2)击键要领

打字时,先将手指抬起,指尖后的第一关节微成弧形,轻放在与各手指相关的基准键位上,手腕悬起不要压在键盘上,击键时是通过手指关节活动的力量叩向键位,而不是用肘和腕的力量。输入时应注意,只有要击键时,手指才可伸出击键,击毕立即缩回到基准键位上。

打字时要有节奏、有弹性,不论快打、慢打都要合拍,初学时应特别重视落指的正确性,在正确的前提下,再求速度。

3. 英文输入

打开"记事本",输入以下英文:

"Nowadays, environmental pollution is very common. Resource waste is also seen everywhere. In order to protect the environment, to protect our earth, we need to live a low一carbon life. I usually go to school on foot, sometimes by bike. If I need to go to the other city, I will choose the public transportation and not ask my parents drive me there. If I am the last one to leave classroom or home, I will make sure all the lights are off. I always will save the water after washing clothes. And then use it to wash the toilet. Our earth is in our own hands. "

打开"记事本",输入以下英文:

"The first devices that resemble modern computers date to the mid-20th century, although the computer concept and various machines similar to computers existed earlier. Early electronic computers were the size of a large room, consuming as much power as several hundred modern personal computers(PC). Modern computers are based on tiny integrated circuits and are millions to billions of times more capable while occupying a fraction of the space. Today, simple computers may be made small enough to fit into a wristwatch and be powered from a watch battery. Personal computers, in various forms, are icons of the Information Age and are what most people think of as "a computer"; however, the most common form of computer in use today is the embedded computer. Embedded computers are small, simple devices that are used to control other devices—for example, they may be found in machines ranging from fighter aircraft to industrial robots, digital cameras, and children's toys.."

4. 中文输入

可以通过"Ctrl＋空格键"在中英文输入法之间切换,可以通过 Ctrl＋Shift 在所有输入法之间切换,打开 Word 应用程序,输入以下中文:

"量子计算机已经俘获了人们的想象力近 50 年。其原因很简单:它提供了解决用经典力学永远不能回答的问题的出路。例如确切地模拟化学以开发新分子和材料,以及解决复杂的优先问题,即在许多可能的选项中寻找最佳解决方案。每个产业都需要进行优选,这正是这一技术拥有如此颠覆性潜力的原因。

一直以来,获取新生量子计算机仍仅限于全世界少数实验室的专家。但过去若干年的进展已经能够建造世界上首个原型系统,最终将验证一直以来仅存在于理论上的想法、算式和其他技术。

量子计算机通过利用量子力学的强大力量解决问题。它并非像经典计算机世界那样一次思考一个可能的解决方案,它不能利用经典力学的类比来解释,其所有解决方案从量子态叠加开始,然后利用纠缠和量子干涉接近正确答案,这一过程我们在日常生活中不会观察到。然而,尽管它们提供了很大的希望,但实现起来却并不容易。流行的设计需要超导体(比外太空冷 100 倍)、对脆弱量子态的精准控制以及屏蔽处理器以阻挡任何一束光线。

现有计算机过小,难以解决比今天的超级计算机可以应对的更加复杂的问题。然而,人们已经做出了巨大进展,已开发出可在量子计算机上更快运行的算式。现有在超导量子比特中延长一致性(量子信息的生命周期)的技术已经比 10 年前增加了 100 多倍。我们现在可以检测最重要的量子错误。2016 年,IBM 向公众提供了通往首个云端量子计算机——IBM Q 系统的通道,它有一个图形接口进行编程,现在还有一个基于流行编程语言 Python 的界面。向全球开放这一系统已助推对量子计算机技术发展非常重要的创新,到目前为止,使用这一工具发表的学术论文已经超过 20 篇。这一领域正在显著扩展,全球范围内的学术研究组织和超过 50 家创业企业以及大型公司正在聚焦让量子计算机成为现实。

随着相关技术进步和人人都可接触到量子计算机,现在已经是时候让"量子准备好"。人们已经开始了解如果现有计算机可以解决新问题,他们将会做什么。很多量子计算机指南可以在线获取以帮助人们开始。但仍有很多问题,相干时间必须提高,量子错误比例必须减少,最终,人们需要能够减少或纠正出现的错误。"

附录B

测试题及参考答案

测 试 题

一、单项选择题（每小题 1 分，共 50 分）

1. 完整的计算机系统应包括（　　）。
   A. 运算器、存储器、控制器　　　　　B. 外部设备和主机
   C. 主机和实用程序　　　　　　　　　D. 硬件设备和软件系统

2. 在数字签名应用中，数据发送方生成数字签名时，使用的是（　　）。
   A. 发送方的公钥　　　　　　　　　　B. 发送方的私钥
   C. 接收方的公钥　　　　　　　　　　D. 接收方的私钥

3. 内存与光盘相比，主要特点是（　　）。
   A. 存取速度快、容量小　　　　　　　B. 存取速度快、容量大
   C. 存取速度慢、容量小　　　　　　　D. 存取速度慢、容量大

4. 以下各选项，（　　）不是操作系统。
   A. Windows XP SP2　　　　　　　　　B. 红旗 Linux
   C. FlashGet 3.7　　　　　　　　　　D. Mac OS

5. 在下列 4 项中，不属于 OSI（开放系统互联）参考模型 7 个层次的是（　　）。
   A. 会话层　　　　B. 数据链路层　　　　C. 用户层　　　　D. 网络层

6. 计算机网络的目标是实现（　　）。
   A. 数据处理　　　　　　　　　　　　B. 文献检索
   C. 资源共享和信息传输　　　　　　　D. 信息传输

7. 计算机内部采用的数制是（　　）。
   A. 十进制　　　　B. 二进制　　　　C. 八进制　　　　D. 十六进制

8. 下列 4 项中，不属于计算机病毒特征的是（　　）。
   A. 潜伏性　　　　B. 传染性　　　　C. 激发性　　　　D. 免疫性

9. 操作系统中不属于存储管理的功能是（　　）。
   A. 存储器分配　　　B. 地址的转换　　　C. 硬盘空间管理　　　D. 信息的保护

10. 在下列不同进制的 4 个数中，最小的一个数是（　　）。
    A. $(45)_{10}$　　　B. $(57)_8$　　　C. $(3B)_{16}$　　　D. $(110011)_2$

11. 在计算机系统中,对补码的叙述,(　　)是正确的。
    A. 负数的补码是该数的反码最右加1　　B. 负数的补码是该数的原码最右加1
    C. 正数的补码就是该数的原码　　　　　D. 正数的补码就是该数的反码

12. 操作系统主要任务是(　　)。
    A. 管理、分配、控制计算机硬件和软件系统资源
    B. 调度、分配、优化计算机内存工作空间
    C. 控制、调整计算机运行的速度
    D. 完成各个程序之间的协调工作和数据通信

13. 计算机存储器中,一个字节由(　　)位二进制位组成。
    A. 4　　　　　　　B. 8　　　　　　　C. 16　　　　　　　D. 32

14. 以下文件格式中,不属于声音文件的是(　　)。
    A. WAV　　　　　B. BMP　　　　　C. MIDI　　　　　D. MP3

15. 结构化程序设计的三种基本结构是(　　)。
    A. 选择结构、过程结构、顺序结构
    B. 选择结构、循环结构、顺序结构
    C. 递归结构、循环结构、选择结构
    D. 选择结构、递归结构、输入输出结构

16. 按关键字进行查找。关于顺序查找法和二分查找法,下列说法正确的是(　　)。
    A. 顺序查找法适用于关键字没有排序的记录序列,二分查找法只能用于关键字
       已排序的记录序列
    B. 二分查找法适用于关键字没有排序的记录序列,顺序查找法只能用于关键字
       已排序的记录序列
    C. 顺序查找法和二分查找法都适用于关键字没有排序的记录序列
    D. 顺序查找法和二分查找法都只能用于关键字已排序的记录序列

17. 在数字音频信息获取与处理过程中,下列顺序中正确的是(　　)。
    A. A/D 变换、采样、压缩、存储、解压缩、D/A 变换
    B. 采样、压缩、A/D 变换、存储、解压缩、D/A 变换
    C. 采样、A/D 变换、压缩、存储、解压缩、D/A 变换
    D. 采样、D/A 变换、压缩、存储、解压缩、A/D 变换

18. Internet 上,访问 Web 信息时用的工具是浏览器。下列(　　)就是目前常用的
    Web 浏览器之一。
    A. Internet Explorer　　　　　　　B. Outlook Express
    C. Yahoo　　　　　　　　　　　　D. FrontPage

19. 通过 Internet 发送或接收电子邮件的首要条件是应该有一个电子邮件地址,它
    的正确形式是(　　)。
    A. 用户名@域名　　　　　　　　　B. 用户名#域名
    C. 用户名/域名　　　　　　　　　　D. 用户名.域名

20. 域名是 Internet 服务提供商的计算机名,域名中的后缀.gov 表示机构所属类型
    为(　　)。

A. 军事机构　　　　B. 政府机构　　　　　C. 教育机构　　　　D. 商业公司

21. 在 IPv6 中的 IP 地址由（　　）位二进制数组成。

A. 16　　　　　　B. 32　　　　　　　　C. 64　　　　　　　D. 128

22. Word 文字工具中,格式刷工具用于（　　）。

A. 复制格式　　　B. 复制文字　　　　　C. 复制公式　　　　D. 以上都不对

23. 在 Internet 中,用户通过 FTP 可以（　　）。

A. 浏览远程计算机上的资源　　　　　　B. 上传和下载文件

C. 发送和接收电子邮件　　　　　　　　D. 进行远程登录

24. 上网预订飞机票是计算机在（　　）方面的应用。

A. 数值计算　　　B. 电子政务　　　　　C. 人工智能　　　　D. 电子商务

25. 目前,广泛流行的以太网所采用的拓扑结构是（　　）。

A. 总线型　　　　B. 星型　　　　　　　C. 树型　　　　　　D. 不规则型

26. 局域网的核心是（　　）。

A. 网络工作站　　B. 网络服务器　　　　C. 网络通信系统　　D. 外部设备

27. 人们根据（　　）将网络划分为广域网、城域网和局域网。

A. 计算机通信方式　　　　　　　　　　B. 接入计算机的多少、类型

C. 拓扑类型　　　　　　　　　　　　　D. 地理范围

28. 下列叙述中,正确的是（　　）。

A. 反病毒软件的更新通常滞后于计算机病毒的出现

B. 反病毒软件可以查、杀任何种类的病毒

C. 感染过计算机病毒的计算机具有对于该病毒的免疫性

D. 计算机病毒会危害计算机用户的健康

29. 以下文件格式中,不属于声音文件的是（　　）。

A. WAV　　　　　B. BMP　　　　　　　C. MIDI　　　　　　D. MP3

30. 一个 2 分钟、25 帧/秒、640×480 分辨率、24 位真彩色数字视频的不压缩的数据
量约为（　　）。

A. $(2×60×25×640×480×24)÷(1024×1024)$MB

B. $(2×60×25×640×480)÷(8×1024)$KB

C. $(2×60×25×640×480)÷(1024×1024)$MB

D. $(2×60×25×640×480×24)÷(8×1024×1024)$MB

31. 网上"黑客"是指（　　）的人。

A. 总在晚上上网　　　　　　　　　　　B. 匿名上网

C. 不花钱上网　　　　　　　　　　　　D. 在网上私闯他人计算机系统

32. HTTP 是一种（　　）。

A. 高级程序设计语言　　　　　　　　　B. 域名

C. 超文本传输协议　　　　　　　　　　D. 网址

33. 病毒产生的原因是（　　）。

A. 用户程序有错误　　　　　　　　　　B. 计算机硬件故障

C. 计算机系统软件有错误　　　　　　　D. 人为制造

34. 要想观察一个长文档的总体结构,应使用( )方式。
    A. 主控文档视图   B. 大纲视图
    C. 页面视图   D. 全屏显示模式

35. 按照传统的数据模型分类,数据库系统可以分为( )三种类型。
    A. 大型、中型和小型   B. 西文、中文和兼容
    C. 层次、网状和关系   D. 数据、图形和多媒体

36. 在 Photoshop 中,可以存储图层信息的图像格式是( )。
    A. PSD   B. BMP   C. PCX   D. JPEG

37. 计算机显示器参数中,参数 640×480,1024×768 等表示( )。
    A. 显示器屏幕的大小   B. 显示器显示字符的最大列数和行
    C. 显示器的分辨率   D. 显示器的颜色指标

38. Excel 中有一图书库存管理工作表,数据清单字段名有图书编号、书名、出版社名称、出库数量、入库数量和出入库日期。若统计各出版社图书的"出库数量"总和及"入库数量"总和,应对数据进行分类汇总,分类汇总前要对数据排序,排序的主要关键字应是( )。
    A. 入库数量   B. 出库数量   C. 出版社名称   D. 书名

39. 如果在当前工作表的 B2 到 B5 的 4 个单元格内已填入某种商品 4 天销售的数量,该商品的单价为 1.25 元,那么要计算这 4 天该商品的平均销售额并填入 B6 单元格,则应在 B6 单元格内输入( )。
    A. AVERAGE * 1.25   B. 1.25 * AVERAGE(B2:B5)
    C. =AVERAGE(B2:B5) * 1.25   D. =(B2+B3+B4+B5) * 1.25

40. 在 Word 编辑状态下,如要调整段落的左右边界,用( )的方法最为直观、快捷。
    A. 格式栏   B. 格式菜单
    C. 拖动标尺上的缩进标记   D. 常用工具栏

41. 利用绘图工具栏中的"椭圆"按钮◯,可以画圆形。方法是用鼠标单击椭圆按钮,然后在按住( )的同时进行绘制即可。
    A. 鼠标左键   B. Shift 键   C. 鼠标右键   D. Ctrl 键

42. 如果想在 Word 文档某页没有满的情况下强行分页,最好的办法是( )。
    A. 多按几个回车,直到进入下一页   B. 使用"插入分节符"的方法
    C. 使用"插入分页符"的方法   D. 重新进行页面设置

43. PowerPoint 幻灯片母版控制的是幻灯片上标题、文本的( )。
    A. 内容与格式   B. 格式与类型   C. 内容与类型   D. 格式与版式

44. Excel 数据筛选功能,关于筛选掉的记录的叙述,下列说法错误的是( )。
    A. 不打印   B. 不显示   C. 永远丢失了   D. 可以恢复

45. 当 Excel 单元格中输入的内容需要分段时,应按( )键。
    A. Enter   B. Ctrl+Enter   C. Shift+Enter   D. Alt+Enter

46. 下列关于存储器读写速度的排列,正确的是( )。

A. Cache＞RAM＞硬盘＞软盘   B. Cache＞硬盘＞RAM＞软盘

C. RAM＞硬盘＞软盘＞Cache   D. RAM＞Cache＞硬盘＞软盘

47. 计算机在工作过程中电源突然中断,则( )中的信息将全部丢失,再次通电后也无法恢复。

     A. ROM 和 RAM   B. ROM   C. RAM   D. 硬盘

48. 在 7 位 ASCII 码表中,按照码值从大到小排列顺序是( )。

     A. 数字 0～9、英文大写字母 A～Z、英文小写字母 a～z

     B. 数字 0～9、英文小写字母 a～z、英文大写字母 A～Z

     C. 英文小写字母 a～z、英文大写字母 A～Z、数字 0～9

     D. 英文大写字母 A～Z、英文小写字母 a～z、数字 0～9

49. A、B、C、D 依次入栈,第一个移出元素是( )。

     A. A   B. B   C. C   D. D

50. 不能描述算法的是( )。

     A. 流程图   B. CAD 图   C. PAD 图   D. N-S 图

二、填空题(每题 1 分,共 10 分)

1. 世界上第一台电子计算机是在_____年诞生的,它的名字是_____。

2. 已知[x]$_{补}$＝10001101,则[x]$_{原}$为_____,[x]$_{反}$为_____。

3. 在 Intranet 中通常采用_____技术以保护企业内部的信息安全。

4. 操作系统具有_____、存储器管理、设备管理和_____等功能。

5. 你经常使用或了解的搜索引擎有_____、_____。

6. 通过局域网接入 Internet,用户必须为自己的计算机配置一块_____和一条连至局域网的网线。

7. $(159)_{10}$ ＝ ($\underline{\hspace{2cm}}$)$_2$ ＝ ($\underline{\hspace{2cm}}$)$_8$ ＝ ($\underline{\hspace{2cm}}$)$_{16}$。

8. Internet 上最基本的通信协议是_____。

9. PowerPoint 演示文稿的扩展名是_____,Word 默认文档的扩展名是_____,Excel 工作簿文件默认的扩展名为_____。

10. 新建的 Excel 工作簿窗口中包含_____个工作表。

三、操作题(共 40 分)

1. Windows 操作题(10 分)

(1) 在指定的工作盘中(如 E 盘),建立一个以考生学号为文件夹名的考生文件夹,并在此文件夹内再建立两个同级的子文件夹 Office 和 Program。假设某学生的学号为 20114000,则具体文件夹树如下:

（2）在考生文件夹的工具箱文件夹中创建一个"记事本"程序的快捷方式。

（3）在系统盘 C 中查找一个名为 Debug 的应用程序文件，并复制到考生文件夹的工具箱文件夹中。

（4）将系统的时间样式设置为 tt hh:mm:ss，上午符号为 am，下午符号为 pm。

（5）改变屏幕保护为"三维飞行物"，并改变桌面墙纸为 Greenstone、居中。

2．Word 文字处理题（12 分）

1）Word 文字编辑（10 分）

（1）请在网络上搜索关于"中国乒乓球"的相关报道，把其中任意一段文字下载并保存成纯文本的形式，按以下要求对其进行编辑和排版，文字要求：不少于 300 个汉字，至少三个自然段。

（2）将文章正文各段的字体设置为宋体，小四号，两端对齐，行间距为固定值 18 磅。

（3）最后一段设置成两栏，并设置分隔线。

（4）设置页眉：内容自定，右对齐，六号字。

（5）在文章最后输入公式 $S = \sqrt{\dfrac{1}{10}\sum_{i=1}^{10}(x_i - \bar{x})^2}$。

2）用 Word 制作如下流程图（2 分）

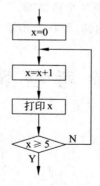

3．Excel 电子表格处理（10 分）

第一季度产量报表

单位	一月	二月	三月	合计	平均值
甲	36	40	50		
乙	27.3	30.5	28.6		
丙	24.3	20.6	22.4		
丁	33.4	29.4	24.7		
戊	25.6	32.1	26.8		

制表人：

要求：

（1）按上表样式建表，表的第一行是标题，隶书，加粗，16 号字，合并单元格并居中。

（2）统计每个单位产量的"合计"值及各单位第一季度产量的"平均值"，必须使用公式或函数计算,均保留1位小数。

（3）第一行单元格底纹为淡绿色。将合计大于100设置为红色、加粗,合计小于85设置为蓝色、倾斜。

（4）将全表按"合计"的降序排序。

（5）选择数据绘制各单位第一季度柱形图,图表标题为"各单位第一季度产量",并显示图例。

4．PowerPoint电子演示文稿制作（8分）

制作电子演示文稿,内容主题"首都北京"。

要求:

（1）演示页数量:至少两页;幻灯片使用"应用设计模板"中的Notebook做背景;幻灯片切换用:慢速、从全黑中淡出;在幻灯片母版中插入一个剪贴画放置在左上角作为标志。

（2）第一页:幻灯片版式采用"标题幻灯片";主标题,设置为橘黄色、隶书加粗、字号大小为100;副标题,设置为宋体倾斜、蓝色、字号40。

（3）第二页:两行文字（内容自定）和两个剪贴画,均带有动画效果,文字为天蓝色。演播顺序:自动显示第一个剪贴画;单击鼠标,连续显示两行文字;再次单击鼠标,采用底部飞入同时伴有风铃声的效果显示第二个剪贴画。

（4）在最后一页右下角添加一按钮,鼠标单击返回到第一页。

参 考 答 案

一、单项选择题

1. D	2. B	3. A	4. C	5. C	6. C	7. B
8. D	9. C	10. A	11. C	12. A	13. B	14. B
15. B	16. A	17. C	18. A	19. A	20. B	21. D
22. A	23. B	24. D	25. B	26. B	27. D	28. A
29. B	30. D	31. D	32. B	33. D	34. B	35. C
36. A	37. C	38. C	39. C	40. C	41. B	42. C
43. B	44. C	45. D	46. A	47. C	48. C	49. D
50. B						

二、填空题

1．1946,ENIAC(埃尼阿克)　　2．11110011,10001100　　3．防火墙

4．处理机管理,文件管理　　5．百度(baidu)、Google、北大天网、搜狗

6．网卡　　7．$(10011111)_2=(237)_8=(9F)_{16}$

8．TCP/IP　　9．PPTX,DOCX,XLSX　　10．3

三、操作题（略）

参 考 文 献

1. 韩金仓,侯振兴. 大学信息技术教程(Win7+Office2010). 北京:清华大学出版社,2014.
2. 沈士强. 计算机文化基础(Win 7+Office2010). 北京:北京师范大学出版社,2016.
3. 于冬梅. 计算机常用工具软件案例教程. 北京:清华大学出版社,2016.
4. 丁爱萍. 计算机常用工具软件(第 4 版). 北京:电子工业出版社,2016.
5. 徐子闻. 多媒体技术(第 3 版). 北京:高等教育出版社,2016.
6. 雷运发,田惠英. 多媒体技术与应用教程(第 2 版). 北京:清华大学出版社,2016.
7. 冉洪艳. Viso 2010 图形设计实战技巧精粹. 北京:清华大学出版社,2013.
8. 杨继萍. Visio 2010 图形设计从新手到高手. 北京:清华大学出版社,2011.
9. 李金明,李金荣. 中文版 Photoshop CS6 完全自学教程. 北京:人民邮电出版社,2012.
10. 亿瑞设计. 画卷-Photoshop CS6 从入门到精通. 北京:清华大学出版社. 2013.
11. 陈明,王锁柱. 大学计算机基础实验. 北京:机械工业出版社,2013.
12. 张开成,陈东升. 大学计算机基础实验指导与自学测试. 北京:清华大学出版社,2014.
13. 董万归,王建书. 大学计算机基础实验指导与习题集. 北京:北京师范大学出版社,2014.
14. 冯宇,邹劲松,白冰. 中文版 Word 2010 文档处理项目教程. 上海:上海科学普及出版社,2015.
15. Excel Home. Excel 2010 数据处理与分析实战技巧精粹. 北京:人民邮电出版社,2013.
16. 九州书源. PowerPoint 2010 高效办公从入门到精通. 北京:清华大学出版社,2012.